故宮裏的大怪獸

MONSTERS IN THE FORBIDDEN CITY

5 土耳其浴室裏的戰鬥

常怡 ✳ 著

中華教育

故宮裏的大怪獸❺
❀ 土耳其浴室裏的戰鬥 ❀

常怡／著
麋麋鹿／繪

責任編輯　楊　歌
裝幀設計　陳淑娟
排　版　陳先英
地圖繪製　蔣和平
印　務　劉漢舉

出版　中華教育

香港北角英皇道四九九號北角工業大廈一樓B
電話：（852）2137 2338
傳真：（852）2713 8202
電子郵件：info@chunghwabook.com.hk
網址：http://www.chunghwabook.com.hk

發行　香港聯合書刊物流有限公司

香港新界大埔汀麗路三十六號
中華商務印刷大廈三字樓
電話：（852）2150 2100
傳真：（852）2407 3062
電子郵件：info@suplogistics.com.hk

印刷　美雅印刷製本有限公司

香港觀塘榮業街六號海濱工業大廈四樓A室

版次　2020年1月第1版第1次印刷

©2020 中華教育

規格　32開（210mm×153mm）

ISBN　978-988-8674-68-8

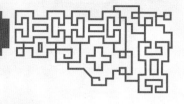

本書主角

李小雨

十一歲，小學五年級。因為媽媽是故宮
文物庫房的保管員，所以她可以自由進
出故宮。意外撿到一枚神奇的寶石耳環
後，發現自己竟聽得懂故宮裏的神獸和
動物講話，與怪獸們經歷了一場場奇幻
冒險之旅。

梨花

故宮裏的一隻漂亮野貓，是古代妃子養
的「宮貓」後代，有貴族血統。她是李
小雨最好的朋友。同時她也是故宮暢銷
報紙《故宮怪獸談》的主編，八卦程度
讓怪獸們頭疼。

楊永樂

十一歲，夢想是成為偉大的薩滿巫師。
因為父母離婚而被舅舅領養。舅舅是故
宮失物認領處的管理員。他也常在故宮
裏閒逛，與殿神們關係不錯，後來與李
小雨成為好朋友。

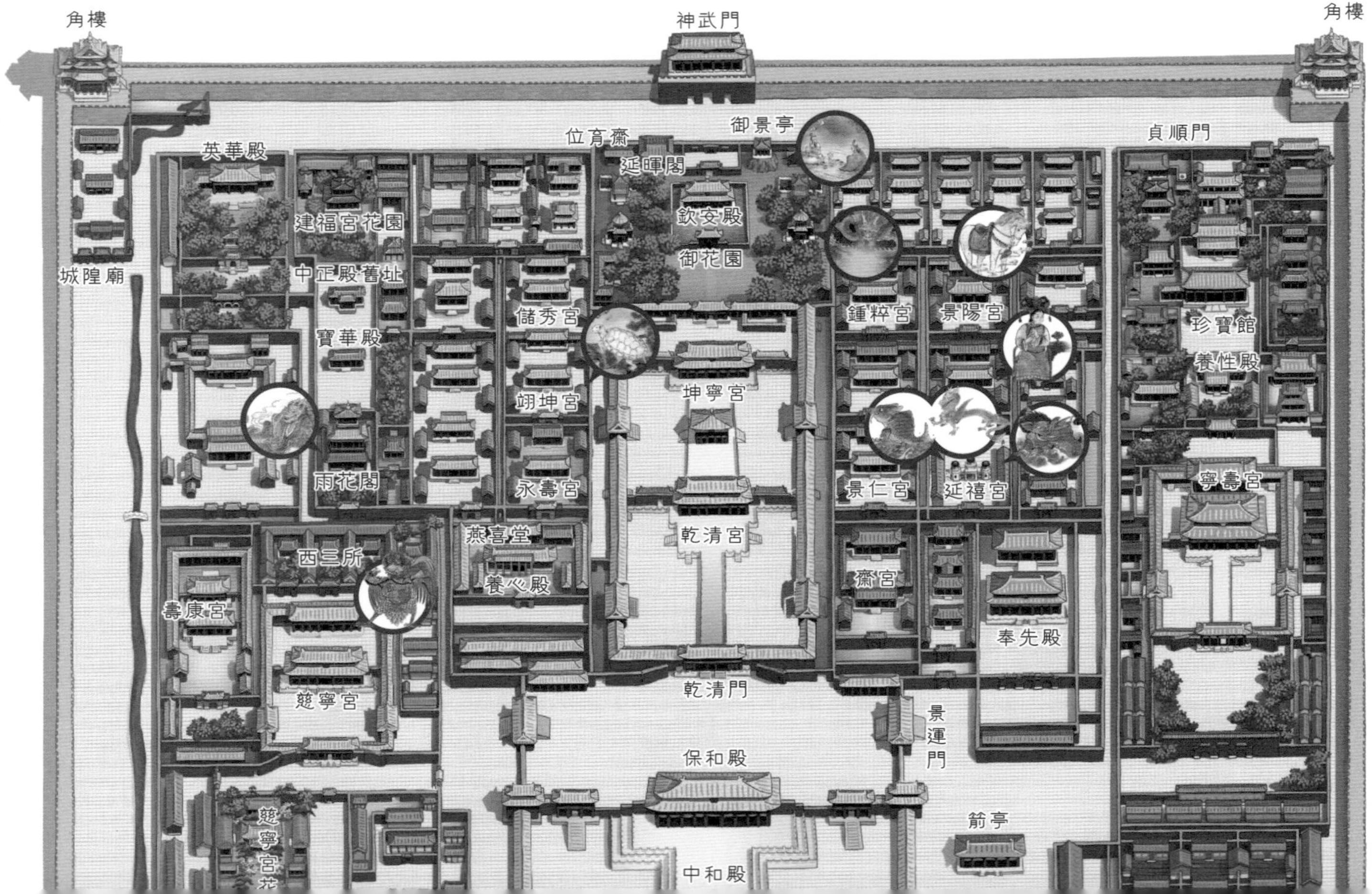
角樓
神武門
角樓
御景亭
位育齋
貞順門
英華殿
延暉閣
欽安殿
建福宮花園
御花園
城隍廟
中正殿舊址
鍾粹宮
景陽宮
儲秀宮
珍寶館
寶華殿
養性殿
坤寧宮
翊坤宮
雨花閣
永壽宮
景仁宮
延禧宮
寧壽宮
燕喜堂
乾清宮
西三所
齋宮
養心殿
壽康宮
奉先殿
乾清門
慈寧宮
景運門
保和殿
箭亭
中和殿

故宮怪獸地圖

東華門

角樓

清史館

南三所

養心殿

文華殿

金水河

太和殿

太和門

金水橋

弘義閣

午門

內務府

武英殿

臨溪亭

西華門

角樓

角色檔案

大鵬金翅鳥

全身披着金色羽毛的神獸，也叫伽樓羅。他擁有鋼鐵般結實的嘴和鋒利的爪子，頭上翹着金剛鑽石般的角，一對翅膀宛如寶劍。傳說他是龍的天敵，一發現龍就會把龍吃掉。

淘淘

在故宮書店出生的野貓，是一隻長着虎斑紋、眼睛特別亮的橘貓。他所屬的野貓家族，一直經營着浴德堂裏的夜間浴室。

角色檔案

白特

文昌帝君身邊的怪獸。他長着馬頭、騾子身、驢尾和牛蹄子。他曾經是洛水裏的河神，卻因為貪心受到了懲罰。

能言龜

一千歲的純白色烏龜，會說人話。他在金水河邊被李小雨發現並收留，但他一點兒都不高興。他心裏只想着一件事：逃跑！

角色檔案

飛魚（1號）

長得像胖豬的海怪。他全身覆蓋着帶花紋的紅色鱗片，四條腿長得像魚鰭。別看他一副笨笨的模樣，卻擁有抵禦雷電的本領。

飛魚（2號）

長得像巨蟒的海怪，頭上有一對漂亮的鹿角，身上長着像鳥的翅膀似的魚鰭，尾巴是尖尖的魚尾。明朝很有名的官袍——飛魚服上的圖案，就是依照他的形象製作的。

角色檔案

胖娘娘

光緒皇帝的妃子 —— 瑾妃，曾是清朝皇宮裏很有名的美食家。因為她長得胖，脾氣又好，所以皇宮裏很多人都叫她「胖娘娘」。

海象

長着大象腦袋和獅子身體的大海怪。雖然長相兇猛，膽子卻小得不得了。他對海洋館裏與他同名的動物海象特別好奇。

目　錄

1
龍的天敵

　　龍讓梨花來找我的時候，我正在和楊永樂通過「石頭、剪刀、布」遊戲一決勝負，誰輸了，元寶就要睡在誰那兒。

　　放暑假的第二天，我還在媽媽的辦公室裏睡懶覺，就被激烈的敲門聲吵醒了。楊永樂站在門外，臉拉得老長，像是誰欠了他一百塊錢。「一大早的……」我剛想發脾氣，卻發現他身後還站着一個人 ── 一個背着超級大的背包，手裏還抱着枕頭的胖男孩。

　　我使勁揉了揉眼睛：「元……元寶？」

　　「沒錯，就是我！小雨，好久不見！」元寶走過來給了

我一個大大的擁抱。

「你怎麼來了？」我好不容易才從他的擁抱中掙脫出來。

「你們都沒收到我的電子郵件嗎？我媽媽同意我來故宮裏過暑假。高興吧？」

「這太棒了！我們一定會過個特別棒的暑假！」我真心高興。

「沒錯，特別棒……」楊永樂卻沒有一點兒高興的樣子，「所以，你一定也歡迎元寶住在你媽媽的辦公室裏嘍？」

「等等，你說元寶要住在我這兒？」我吃驚地看着他。

「對啊，他總要有住的地方。」楊永樂晃着腦袋說，「失物招領處只有一張單人牀，擠不下我們兩個。」

「可是這裏的牀也只夠我和我媽睡的。」

「可以加一張摺疊牀。」看來楊永樂早有準備。

我回頭看看擁擠的屋子，如果再放一張牀，恐怕連站的地方都沒有了。「失物招領處總比這裏寬敞些。」我無奈地說。

「好吧，我就知道！『石頭、剪刀、布』怎麼樣？誰輸了，元寶就睡在誰那裏。」楊永樂提議道。我想了一下，好像也沒別的辦法了，應道：「沒問題！三局兩勝？」

「聽你的！」

　　第一局，我贏了。第二局，楊永樂贏了。就在關鍵的第三局，我們緊張得手心出汗的時候……梨花不知道從哪裏冒了出來，「啪嗒」一聲跳到了我們倆中間。

　　「小雨、楊永樂，你們在幹嗎？喵——」

　　「梨花，你先走開，有甚麼事情等會兒再說。」

　　梨花卻沒動：「事情有點兒急，喵——」

　　「石頭，剪刀……」

　　「喵——龍大人讓我……」

　　「布！」

　　我出了「石頭」，楊永樂出了「剪刀」，我贏了！

　　「好了！元寶住在失物招領處，你可不許賴皮！」我興高采烈。楊永樂卻垂頭喪氣：「都怪梨花讓我分心了。」

　　鬆了口氣後，我問梨花：「你剛才說甚麼？」

　　「龍大人請你們今天晚上亥時到雨花閣相聚。喵——」

　　「你知道他有甚麼事嗎？」楊永樂問。

　　「一點兒私事。喵——」梨花神神祕祕地說，「希望你們別遲到。」龍的私事？這讓我們都好奇起來。

　　「你們在說甚麼？喵喵喵的，給我解釋一下好不好？」元寶插嘴問。

　　「這傢伙還聽不懂我的話嗎？喵——」梨花不耐煩地甩了下尾巴，「真麻煩……」她伸出爪子，變戲法兒似的從

脖子上的項圈裏掏出一粒棕色的小藥丸。

「吃了它。喵──」梨花命令元寶。

「這隻野貓為甚麼狠叨叨地盯着我？」元寶小聲問我。

「她讓你吃了那顆藥丸。」我告訴他。

元寶好奇地捏起藥丸，放在陽光下照了照：「這是甚麼藥？不會有毒吧……」趁他不注意，楊永樂突然拍了下他拿藥丸的手。藥丸一下子飛進了元寶的嘴裏。

「啊！」元寶大叫一聲，「你們……你們……想謀殺我嗎？」他使勁摳自己的嘴，但來不及了，小小的藥丸已經滑進了他的喉嚨。

「放心，我對人肉沒興趣。喵──」梨花瞇起眼睛看着他。

元寶隨口問：「那你對甚麼肉感興趣？」

梨花舔着嘴脣說：「三文魚、金槍魚、黃花魚……刺少肉又多的海魚我都喜歡。對了，還有小魚乾，當零食非常不錯……等等，你這麼快就能聽懂我說話了？」

「好像……是……」元寶不敢相信地摸摸自己的耳朵，「我居然能聽懂一隻貓說話了！」

「看來那隻胖兔子沒有騙我，他給我的真是顆仙藥。我還以為他是捉弄我的。」梨花一臉後悔的樣子，「早知道是仙藥，我自己吃多好，結果浪費在這傢伙身上。喵──」

「你說的胖兔子不會是玉兔吧？」我問。

「就是他！去年中秋節宴席上他喝醉了以後，拿出一包藥丸到處送人，說是仙藥。我還以為是兔子屎……喵──」

「所以，你本來打算給元寶吃兔子屎？哈哈……」楊永樂快笑瘋了。但元寶一點兒都不在意，他仍沉浸在這種神奇的變化中：「我能聽懂動物的話了！這太棒了！怪獸們的話我也能聽懂，對不對？梨花，對不對？」

「如果沒有甚麼意外的話，是的。不過我不知道這個藥多久後會失效。喵──」梨花不太高興地說，「算我為龍大人做件好事吧，他今晚有重要的事請你們幫忙，多一個人多一份力。」

「所以，今天晚上我們會一起去見龍？」元寶充滿期待地說。

「是的！」我回答，「從現在開始，我們就是『LYY』三人組。」

楊永樂皺眉說：「愛了歪歪？這名字真難聽。」

「是Ｌ、Ｙ、Ｙ──我們三個人姓氏的首字母。你還能想到更好的名字嗎？」我不高興地看着他。

楊永樂歎了口氣說：「愛了歪歪就愛了歪歪吧。」

這是個晴朗無雲的夏天的夜晚。在雨花閣屋頂上見到龍的時候，他的頭上居然貼着好幾帖膏藥，渾身散發着濃

重的中藥味兒。

「您病了，龍大人？」我同情地看着他。

「龍大人的頭疼病犯了。」陪在一旁的斗牛說。

龍深深歎了口氣：「小雨，我需要你們的幫助。」

「您需要我們的幫助？」我眼睛瞪得老大，「甚麼樣的幫助呢？」

「我的天敵又在故宮裏出現了。」龍愁眉苦臉地說。

「您的天敵？」我別提有多吃驚了。

不光是我，楊永樂和元寶也驚訝得下巴都要掉下來了。

「龍也有天敵嗎？」問話的是元寶。

「當然，世間萬物相生相克，這是平衡法則。一個物種一旦沒有天敵了，比如人類，就會自相殘殺。」龍回答。

「那龍的天敵是甚麼？」元寶問。

「是大鵬金翅鳥，也叫伽樓羅。他生着鐵一樣堅硬的喙和爪子，最喜歡吃龍。」

「可他不是鳥嗎？龍生活在大海裏，難道大鵬金翅鳥會游泳？」

「不，大鵬金翅鳥不會游泳。但他發現龍後，會用翅膀將海水扇開成兩半。大多數龍看見這個陣勢，都會嚇得發抖，失去所有的法力，等着被他吃掉。」龍表情痛苦地說。

我們都倒吸了一口冷氣。

「居然有這麼殘忍的怪獸？沒人能制止他嗎？」楊永樂問。

「龍族請求佛祖釋迦牟尼來幫助我們，佛祖慈悲，送我們每條龍一縷袈裟繫在龍角上，從此大鵬金翅鳥就再也看不到我們了。」

「既然如此，您還有甚麼好怕的呢？」我替龍族鬆了口氣。

「沒有誰見到天敵會不害怕，尤其在他離你這麼近的時候。」龍大聲說，「故宮裏的老鼠受到怪獸們的保護，野貓不可以吃掉他們。但是老鼠遇到野貓，仍然會瑟瑟發抖，甚至被嚇暈。我也是一樣，每當大鵬金翅鳥出現，我都會痛苦無比。」

龍的

「那我們能幫您做些甚麼呢？」我第一次有點兒可憐龍了。

「只有你們能幫我的忙了。」龍說，「你們只要想辦法讓那尊明朝的銅釋迦牟尼佛像回到倉庫裏就可以了。」

「銅釋迦牟尼佛像？它和大鵬金翅鳥有甚麼關係？」

斗牛這時候說話了：「現在正在慈寧宮後殿大佛堂展出的明朝銅釋迦牟尼佛像上有大鵬金翅鳥的雕像，這是大鵬金翅鳥出現在故宮裏的原因。只要把這尊佛像收回倉庫，大鵬金翅鳥就會消失。」

「把正在展出的佛像收回倉庫，這可不太容易。」我有些猶豫。

「我不會讓你們白費力氣的。」龍打開身邊一個小木箱子，展示出滿滿一箱的金銀珠寶，「一旦你們做到了，這些就是你們的酬勞。」

「天啊！我們要發財了！」元寶飛奔到箱子前，用手輕輕撫摸那些散發着迷人光輝的珠寶，「我們一定能做到，對不對，小雨？一定會有辦法的。」

「這……」我不知道該怎麼回答，沒人能在那些珠寶面前不動心，「好吧，我們試試看。」

我們從雨花閣回到失物招領處時，仍沒想到甚麼好辦法能讓那尊釋迦牟尼銅像被收回倉庫裏。

　　「別惦記那箱子珠寶了，我實在想不出該怎麼做。」我對元寶說，不免有些沮喪。

　　「這次的佛像展，你媽媽參與佈展了嗎？」楊永樂似乎有了甚麼想法。

　　「參與了。」我回答，「但你別指望我媽能聽我的建議，把佛像收起來。」

　　「當然，你媽怎麼可能聽你一個小孩兒的話？但是，假如那尊佛像出了點兒甚麼問題，恰恰又被你發現了，那情況可就不一樣了。」

　　「甚麼意思？難道你打算弄壞佛像？那可是國家一級文物，搞破壞是違法的！」我大聲叫道。

　　「小聲點兒！」楊永樂差點兒捂住我的嘴，「我怎麼可能會出這樣的餿主意呢？每一件文物都是我們

文明的見證，都寶貴無比。」

　　我這才鬆了口氣：「那你是甚麼意思？」

　　「我的意思是，我們可以在燈光上做點兒手腳，讓佛像看起來像髒了一塊⋯⋯」

　　「你太聰明了！」楊永樂還沒說完，元寶就大聲稱讚起來，「我一直以為你的科學知識不比一隻野貓多，現在看起來，是我小看你了。用燈光製造陰影來使人們產生視覺上的錯覺，沒有比這更好的辦法了！」緊接着，他轉向我：「要是你媽媽發現，佛像好像沾了髒東西，她會怎麼做，小雨？」

　　「她當然會把佛像取出來去做全面的檢查，任何一個文物管理員都會這樣⋯⋯」

　　「那我們的目的就達到了！」元寶高興得直轉圈。

　　「你們真覺得這樣能成功？」我仍然很懷疑。

　　「沒有比這更完美的計劃了！」楊永樂自信地說。

　　我們決定等到明天故宮閉館後再開始行動。那時候，我們可以在慈寧宮的大佛堂上鎖前，趁管理員不注意溜進去，在佛像的射燈上做手腳。

　　想好整個計劃，又分配完各自的任務，我就回媽媽辦公室去了。而元寶和楊永樂還要在失物招領處繼續做試驗，以尋找讓射燈在佛像上照出最逼真陰影的方法。

第二天，計劃進行得出人意料地順利。楊永樂和元寶趁大佛堂閉館前打掃衞生的時候溜了進去，迅速地在射燈上動了手腳，並在保安發現他們前溜到了慈寧宮的後院裏，我帶着零食在那裏等他們。我們坐在大佛堂前的台階上吃着烤牛肉味的薯片和杏仁巧克力，欣賞着紅色的太陽如何在漫天晚霞中緩緩落入地平線。現在一切就緒，只等着明天我假裝去參觀佛像展，並將在釋迦牟尼銅像上發現髒東西的事情告訴保安和我媽媽，我們的計劃就會成功了。一想到這些，我們三個就忍不住笑出了聲。

　　「你們有沒有想過，拿到那些珠寶後，要幹些甚麼？」楊永樂笑着問。

　　「我要把它們收藏起來，等到用得着的時候再拿出來。」我說。

　　「我要先找個珠寶鑒定專家。」元寶樂呵呵地說，「龍的珠寶的價值，肯定不是普通珠寶能比的，只希望它們沒有甚麼法力，不會給我們帶來甚麼麻煩……」

　　「當然會帶來麻煩。」忽然有個陌生的聲音在我們身後冒了出來。元寶嚇得跳了起來，就像不小心坐在了高壓線上似的。我和楊永樂則緊張得一動不動。

　　「我在這裏呢。」那聲音又從背後傳過來。

　　我們三個人齊刷刷地轉過身，身後除了孤零零的宮

殿以外，甚麼都沒有。但往上看的時候，我們都大吃一驚——一隻全身上下閃着金光的大鳥此刻正站在宮殿的屋頂上！

他長着圓圓的蒜頭鼻子，嘴和鋒利的爪子看起來如鋼鐵般結實，頭上翹着金剛鑽石般的角，兩側的耳朵上戴着耳環，頭頂上的寶珠閃閃發光，一雙金色的眼睛如太陽般閃耀，一對翅膀宛如寶劍。

「這不會就是大鵬金翅鳥吧？你說呢？」元寶問楊永樂。

「我當然是大鵬金翅鳥，你們也可以叫我大鵬鳥或者伽樓羅。」大鳥回答，「而你們——孩子們，是龍派來的嗎？」

我有點兒意外：「你怎麼知道的？」

「你們剛才的談話我都聽到了。」大鵬金翅鳥說，「其實從這兩個男孩溜進大佛堂時，我就注意到了，所以才出來看看。果然，就像我預料的那樣，龍又開始冒壞主意了。」

「壞主意？龍大人只是為了他的安全而已。」元寶大着膽子說，「畢竟誰也不能冷靜地面對自己的天敵……」

「天敵？誰是他的天敵？」

「就是你啊。」元寶直言道。

「我？他的天敵？龍到現在還這麼想？我承認，我是曾

經吃過龍，但我可不是甚麼龍都吃。最初我吃他們也是為了這個世界的和平，為了讓你們人類不遭受災難！」

「你這個說法，龍大人倒沒有提過。」

「我以前住在須彌山北方的大鐵樹上。那時候，大地上剛剛有人類，但是毒龍們卻發起洪水，讓人類無法生存。於是佛祖派我們吃掉毒龍，以保護人類。」

「沒想到你是這麼神聖的怪獸。」楊永樂不禁感歎。

「是的，我們在佛教中代表慈悲。」大鵬金翅鳥動情地說，「所以，我們的確吃龍，但只吃帶來洪水災難的毒龍。與此同時，龍毒會留在我們體內，當毒氣越積越多，龍毒發作時，我們會痛苦得上下翻飛七次，飛到金剛輪山頂，燃起烈火來和這個世界告別。」

「太讓人尊敬了。」楊永樂擦了擦濕潤的眼角。

「所以，這裏的龍把我當作天敵是多麼荒唐啊！」大鵬金翅鳥說，「這次，他想讓你們怎麼對付我呢？」

「龍大人並沒有想過傷害您。」我趕緊解釋，「他只是害怕，希望您能回到倉庫裏。」

「回倉庫？」大鵬金翅鳥高聲嚷道，「最近一年裏，我只有這一次出來散心的機會，他還想讓我回到倉庫裏？只是因為他毫無理由的恐懼？真是不可理喻！」

「我能理解您的感受。」楊永樂說，「我想龍大人對您

有誤解，你們應該見面把事情說清楚。」

「膽小的龍從來不敢和我見面。」大鵬金翅鳥輕蔑地說，「我曾經去找過他，但他每次都像老鼠一樣躲起來。所以，聽着，孩子們，既然他想轟走我，那我也要反擊。如果你們能把龍轟出故宮，讓他不再干擾我，那無論他答應給你們多少報酬，我都願意付給你們雙倍。」

「雙倍？」元寶的眼睛睜得簡直比燈泡還大，「那可是滿滿一箱珠寶啊！」

「那我就給你們兩箱。」

「無論您給多少珠寶，我們都不可能把龍大人趕出故宮的。」我一把抓住元寶的胳膊，這傢伙已經被財寶沖昏了頭腦。

「不，不，別那麼輕易拒絕。」元寶輕聲對我和楊永樂說，然後他轉向大鵬金翅鳥，「請您允許我們三個好好商量一下，畢竟我們現在的處境非常微妙。」

「我尊重你們，願意讓你們好好考慮一下。」大鵬金翅鳥回答，「明天這個時間，我會在這裏等你們。」

說完，他張開巨大的翅膀，「呼」地衝上了夜空。

「我們最好甚麼都不要做。」楊永樂建議，「既不幫龍大人，也不幫大鵬金翅鳥。」

「你是說，我們要看着那些珠寶從眼皮底下溜走？」元

寶反對說，「我做不到。」

「可是，大鵬金翅鳥已經知道我們的計劃了，我們不可能再把他關回倉庫。而我們更不可能讓龍大人離開故宮。」我提醒元寶。

「怎麼不可能？」元寶卻說，「龍大人不是經常偷偷跑出去度假嗎？」

「我想，大鵬金翅鳥的意思是要我們把龍大人永遠趕出故宮。」

「喂，你們沒發現嗎？其實他們都是為了不碰到對方而請我們幫忙，不是嗎？」元寶指出，「所以，最好的解決方法就是，每當大鵬金翅鳥在展覽中展出的時候，龍大人可以出去度假，等到短暫的展覽結束，他再回來踏踏實實地待在故宮裏。而我們，只要能成功地勸龍大人去度假，不但可以收到大鵬金翅鳥的酬金，還可以解決他們之間的問題，做成好事。」

「這是欺騙，我可不幹！」楊永樂說。

「我同意勸龍大人去度假，但我不同意收大鵬金翅鳥的酬金。」我說，「我的良心不讓我這麼做。」

「你們真打算放棄那些已經到手邊的珠寶？」

「現在已經不是考慮酬金的時候。要知道，無論是龍還是大鵬金翅鳥，我們誰也惹不起。他們中的任何一個一旦

發現我們拿了酬金卻沒有按約定辦事，都會給我們帶來很大的麻煩。」楊永樂清醒地說，「所以，現在最重要的是解決他們的問題，並讓我們自己脫身。」

「好吧。」元寶不太情願地同意了。

這之後的事情比我們想得簡單。我們沒怎麼費力氣，龍就同意去南山度假養病——他本來就打算這麼做。而兩週後，慈寧宮大佛堂的佛像展圓滿結束，大鵬金翅鳥隨着那尊釋迦牟尼銅佛一起回到倉庫，不再在故宮裏出現。

故宮裏又恢復了以往的祥和與寧靜。雖然問題解決了，但兩邊的酬金我們都沒敢收。

▌故宮小百科▌

廣受歡迎的大鵬金翅鳥：大鵬金翅鳥，是梵語稱為「迦樓羅（Garuḍa）」的一種神獸的漢譯。它是印度神話中的一種巨鳥，是主神毗濕奴的坐騎。佛教吸收此鳥為吞食那伽（龍）的天龍八部之一。後來它還根據佛教教派不同的解釋，變成了佛祖釋迦牟尼的坐騎或觀世音菩薩的化身。伴隨着印度教和佛教的影響，大鵬金翅鳥（迦樓羅）在亞洲的許多國家都受到人們的歡迎。

在不同國家不同文化中，大鵬金翅鳥的形象有半人半鳥和鳥形兩種。它為半人半鳥的形象時，肚臍以下是鷹的形象，以上則嘴如鷹喙，面相忿怒露齒，頭戴尖頂寶冠，頭髮披肩，穿瓔珞天衣，手戴環釧，伸展出兩隻紅色翅膀。泰國國徽、蒙古國首都烏蘭巴托市徽上的迦樓羅就是這樣的形象。

在中國西南地區，塔頂的迦樓羅往往是金雞的形象，白族將迦樓羅崇拜和自身的金雞崇拜結合在一起作為圖騰，鎮壓水災。印尼國徽上的迦樓羅也是全鳥形象。迦樓羅崇拜隨着印度教和佛教的傳播，在東亞、東南亞和南亞地區，都有很大的影響。人們把迦樓羅當作力量的象徵崇拜。迦樓羅是尼泊爾的十元紙幣鈔票的圖案，印尼的加魯達航空公司就使用了迦樓羅的名稱及形象。

2
土耳其浴室裏的戰鬥

「喂，小雨，想不想找份臨時的工作？」

斗牛說這話時，我正閒得無聊。漫長的暑假，當我的同學們跟着父母在世界各地度假時，我卻只能待在故宮裏。暑假是故宮遊客最多的時候，也是工作人員一年中最繁忙的時候，媽媽連喘口氣的時間都沒有，更別提帶我出去玩了。

「當然想，可是我還沒成年，屬於童工，任何人僱用我都是違反人類的法律的。」我歎了口氣。

「人類有專門阻止孩子工作的法律？」斗牛滿臉懷疑。

「是的，為的是防止一些壞人強迫孩子們工作，你不會明白的。」

　　斗牛微微一笑說：「如果只是人類世界的法律，那就好辦多了。畢竟，我們這個世界不屬於人類世界，所以，我們僱用你是不違法的。」

　　我有點兒吃驚：「你打算僱用我？是甚麼工作呢？」

　　「夜班工作，工作時間是亥時，也就是晚上九至十一點。」

　　夜班工作？這讓我更加好奇了：「在哪兒工作？我需要做些甚麼呢？」

　　「浴德堂，我想雇你做浴德堂的夜間管理員。」

　　浴德堂我是知道的。它就在武英殿院內西北方的平台上，茂密的柏樹和楸樹遮住了它大部分的建築體，只露出不算寬敞的門，很多人都不會注意到這座不起眼的宮殿。

　　「浴德堂晚上需要管理員？」我問。說實話，別看我在故宮裏玩兒了這麼多年，還從沒進過浴德堂。從我記事的時候開始，它的大門就緊鎖着，從來沒有對遊客開放過。

　　「你今天晚上去看看就知道了。它真的非常、非常需要一位管理員——一位不是動物、不是怪獸、不是樹精或神仙的人類管理員。我們的選擇不多，只能在你和楊永樂之間選一個，最後大家覺得還是你比較合適。」斗牛擠了擠眼睛。

　　「是嗎？」我有點兒得意，沒想到自己在故宮裏這麼被大家信任，「管理員都要做甚麼呢？」

「沒甚麼難的，就是維持秩序而已。」斗牛輕描淡寫地說，「如果你打算接受這份工作的話，今天晚上我可以帶你去了解下情況，明天就可以開始上班。」聽起來我應該能勝任，於是我決定接下自己人生中的這第一份工作。

「你們打算怎麼付給我工資呢？」我知道，怪獸是不可能付現在人類用的貨幣給我的。

斗牛不慌不忙地從他的鱗片下掏出一枚小小的銀元寶：「只要你能幹滿兩個星期，這個就是你的了。」

我望着那枚閃着白光的銀元寶，它還沒有乒乓球大，但小巧可愛，一看就已經經歷了上百年的歲月。

「成交！」我痛快地說。

「那跟我來吧。」斗牛邁開牛蹄朝武英殿走去，我跟在他身後。這是一個晴朗的夏夜，沒有雲，抬頭就可以看到星星。武英殿黑色的剪影像是深海中的大船，後院裏響着蛐蛐兒們的合唱聲。

斗牛繞過武英殿的大門，走到院子後面。一座高高的井亭緊貼着西牆，我有些意外，我從來不知道這裏有一口水井。井亭旁邊，是一扇對開的紅門，看起來應該是院子的後門。斗牛沒費甚麼力氣，就打開了那扇門。院門正對浴德堂宮殿的後牆，讓我吃驚的是，在浴德堂黃色琉璃瓦屋頂中間，居然藏着一個阿拉伯式的、半圓形的屋頂。

我睜大眼睛看着那個屋頂，明亮的月光下，它像是一顆碩大的洋葱頭，在故宮裏顯得那麼與眾不同。「這裏是甚麼地方？怎麼會有這樣的屋頂？」我忍不住問。

「進去你就知道了。」說着，斗牛打開了一扇掉了漆的小門。我跟着他走進浴德堂，手電筒的燈光照到宮殿的牆壁上，閃着白色的光。那是白色瓷磚的反光，這裏沒有青磚和紅色的立柱，無論是牆面還是圓弧的屋頂上都貼滿了雪白的瓷磚，一瞬間讓我以為自己走進了一座因紐特人的冰屋。

「天啊！」我真沒想到，故宮裏居然有這麼特別的宮殿，「這裏是幹甚麼用的？」

「這是一座土耳其浴室。」斗牛的回答完全出乎我的意料。

「你是說這裏是洗澡的地方？」

「還可以享受熱蒸汽，你們現在叫甚麼來着？蒸⋯⋯」

「蒸桑拿？」我猜。

「沒錯，蒸桑拿。」斗牛點點頭。

「清朝的皇帝居然會蒸桑拿？」我還是頭一次聽說。在我的印象裏，武英殿一直是皇帝藏書和印製書籍的地方，怎麼可能會藏着一座澡堂呢？難道皇帝在看書看累了以後，會來這裏蒸桑拿？

「其實這座土耳其浴室並不是明朝或清朝的皇帝建的，而是元朝皇帝建的。只不過在建故宮的時候，明朝的皇帝將它保留了下來。」斗牛說，「清朝的時候，皇帝並不在這裏洗澡，而是在這裏蒸紙張，用來印書。」

好好一座浴室不用來洗澡，卻用來蒸紙，真是浪費，我心想。

斗牛帶我繞到後牆外，那裏有一個長滿紅鏽的大壁爐和一口比浴缸還大的鐵鍋。他指着一條懸在半空的石槽說：「水井裏的水會通過這條石槽被引進鍋裏，然後用鍋爐燒開，浴室裏就有蒸汽和熱水了。」

「看起來挺先進的。」我說。

「沒錯，只是從水井裏打水會有點兒累。不過別擔心，這不在你的工作範圍內，有專門的野貓負責打水、燒水和打掃浴室。」

我的眼睛瞪得老大：「我不明白……你的意思是，這裏現在還會有人洗澡？」

「不是人，是動物，有的時候怪獸也會來蒸一蒸熱氣。」斗牛回答，「所以，我才要僱用一位管理員。」

這讓我有點兒蒙，我完全沒想到，自己會成為一座土耳其浴室的管理員。

「那我需要做些甚麼呢？」

「我剛才說了，維持秩序。」斗牛說，「你只要守在門口，讓來沐浴的動物和怪獸排好隊，誰先來誰就先使用浴室。一位使用完，再輪到下一位，不要讓任何一位插隊，不要讓浴室裏的顧客被打擾。你只要做好這些就夠了。」

「行，」我說，「我懂了。」

「很好。」他用牛蹄拍了拍我的肩膀，「天氣最熱的這段時間顧客比較多，如果出了亂子，你的酬金就沒了。不過我相信你沒問題，明天天黑後來上班吧！」

每天工作兩個小時，兩個星期後就能得到一枚銀元寶，我怎麼想都覺得這是份報酬很不錯的工作。所以第二天晚上還沒到九點，我就來到了浴德堂。

我一進院子就發現，有「人」比我來得更早。在浴德堂的後門，也就是土耳其浴室入口的兩側，居然出現了一個小小的集市。和狐仙集市不同，這裏擺攤的不是動物們，而是一些長相奇怪的「人」：粉色皮膚的、穿着長裙的少女；手指像樹枝一樣乾枯的老人；頭上插滿蓮蓬的老婆婆……看樣子都是故宮裏的樹精、草精與花仙們。

　　大朵大朵的蓮花燈浮在半空中，照亮了他們面前的商品。花瓣做成的香皂，散發着青草香味的浴液，絲瓜瓤子做成的搓澡巾，新鮮的艾草和花瓣，大葫蘆做成的水瓢，甚至還有樹皮做成的玩具小船……當然也有不少我不認識的奇怪的東西。但是看上去，植物仙子們賣的東西應該都和洗浴有關。很多動物在集市上選購自己喜歡的洗浴用品，交換的物品也十分有趣，我親眼看到一隻野貓用一大包貓屎換了一大瓶沐浴液。好一個其樂融融的小世界啊！

　　我哼着歌兒，走進浴德堂。土耳其浴室裏也是一派繁忙的景象。野貓們正在鍋爐旁邊忙碌，源源不斷的清水通過石頭水槽流進大鐵鍋裏，大團的熱氣從鍋裏冒出來，我都快看不清野貓們的臉了。「小雨，你來了？喵——」一隻長着虎斑紋、眼睛特別亮的橘貓跑到我面前。

　　「淘淘？你怎麼在這裏？」

　　淘淘是在故宮書店出生的野貓。他出生的時候太胖，

導致他媽媽大雪在生他的時候難產，書店的徐阿姨把大雪送到寵物醫院，大雪才順利地把淘淘生了下來。

「我的家族一直經營着浴德堂的夜間浴室。喵——」淘淘有些害羞地低下了頭。

「難道你是這座土耳其浴室的老闆？」

「不，浴德堂不屬於任何動物或怪獸、神仙，它只屬於故宮。喵——」他搖着頭說，「我的野貓家族只是負責經營而已，讓它在炎熱的夏天和寒冷的冬天，能為故宮裏的動物和怪獸們服務。」

「既然有你們經營這裏，斗牛為甚麼還要讓我來當管理員呢？」我有些奇怪。

「因為人類是唯一待在故宮裏，又不會使用這間浴室的生物。」淘淘回答，「無論是讓哪個動物、怪獸或神仙來當管理員，都難免會偏向，只有人類才能做到公正。你能來，真是讓我們鬆了口氣。喵——」

我還是沒聽明白，不就是讓大家排隊使用浴室嗎，有甚麼公正不公正的呢？恰在此刻，門開了，掛在門口的小鈴鐺「叮當」作響。我被嚇了一跳。

「營業時間到了。」淘淘說，看起來很緊張，「你趕快守到門口去吧。喵——」

我疑惑地走到浴室門口，心裏還在納悶他有甚麼可

緊張的。但當我看到門外的一切時，我一下子就明白了：土耳其浴室的門外已經排起了長長的隊伍，有動物也有怪獸，大家鬧哄哄地擠在一起，隊尾已經排到了院子外面。

「你必須以最快的速度記住大家現在的順序，否則一會兒有耍賴的，肯定會打成一團。喵——」淘淘似乎在擔心會出甚麼亂子。

「經常會有耍賴的嗎？」我問。

「每天都有。喵——」

我再次扭過頭，望着那看不到頭兒的隊伍。除非是神仙，否則誰能快速記住所有動物和怪獸、神仙的排序呢？不過這點事情難不倒我，我帶了筆和筆記本。這本來是我防止記不住工作內容而準備的，現在看來，它們派上大用場了。

我先把排在第一位的黃鼠狼放進浴室，接着迅速做了一些數字標籤。然後，像是在飯店等座位時排號一樣，我按照隊伍的順序為每隻動物和每位怪獸、神仙都發放了號碼。

我原本以為這樣就可以了，但實際上剛剛排到第 6 號就出了問題。一隻老鼠和一隻刺蝟同時拿着寫着「6」的紙片走了過來。

我呆呆地看着那兩張紙片，怎麼也想不起來自己甚麼

時候寫過兩個「6」。

「這兩張中有一張是假的，」我肯定地對老鼠和刺蝟說，「不可能有兩個 6 號。」

「他的是假的！」

「他的是假的，我的是真的……」

老鼠和刺蝟幾乎同時說。

我仔細盯着眼前的兩張紙片，希望能看出哪張是偽造的。但無論怎麼看，這兩個數字都是我自己的筆跡。

「喂！小雨，你能不能快點？你知道北京有多長時間沒下雨了嗎？我身上的毛都粘在一起了。」老鼠不耐煩地催促我。他肩膀上搭着條髒兮兮的毛巾，看起來像是從人類的哪塊抹布上剪下來的破布。

刺蝟則提着草編的小籃子，裏面整齊地裝着花草香皂、迷你小刷子和一串紅色的漿果。「我泡澡的時候容易頭暈，必須吃點東西。」他向我解釋。

在辨認了足足五分鐘後，我終於在一個「6」上發現了一個小小的缺口。

「這張是『9』號，你拿反了。」我把那張紙片塞回刺蝟手裏，放老鼠進入了浴室。

看來下次寫號碼的時候必須更加規範，才能避免麻煩。我擦了擦頭上的汗，當浴室管理員沒我想得那麼簡單。

第一個小時還算平靜，大家都乖乖地拿着號碼排隊，輕鬆地聊着天，或者無聊地望着天空。但是隨着等候的時間變長，動物們開始變得急躁起來。只要有誰在浴室裏待的時間稍微久一些，院子裏的動物們就會大聲嚷嚷，催促浴室裏的傢伙趕緊出來。當一隻黃鼠狼很長時間後終於從浴室裏走出來的時候，甚至有鴿子飛上半空向他身上丟石塊。

生氣的黃鼠狼「嗷」的一聲朝着鴿子撲過去，結果卻遭到了動物們的圍攻。我費了好大力氣才把他們拉開。黃鼠狼的身上少了一簇毛，而我的胳膊也不知道被誰啄破了。

十一點下班的時候，我簡直暈頭轉向。我不知道究竟發生了甚麼。我感覺一切都是我的幻覺。

我回到媽媽辦公室換了睡衣，一覺睡到第二天上午十點，整夜都在做動物們排隊打架的怪夢。睡醒以後，我簡單地吃了午飯，就一直在媽媽的辦公桌旁忙碌。下午三四

點鐘的時候，桌子上已經堆滿了我的成果：一大堆用打印機打印的「一」「二」「三」「四」……中文數字號碼牌，十張黃牌和五張紅牌，以及一份《土耳其浴室排隊及洗浴規則》。

這是我人生中第一次寫規則類的東西。剛開始，我很認真地在網上搜索各種規則，還認真讀完了《社會生活中十大著名法則》《世界 500 強企業最為推崇的頂級規則》，結果發現它們完全用不到土耳其浴室的管理上。最後，我只能硬着頭皮自己寫：

一、先到者優先使用浴室，請找管理員領取排隊號碼。

二、輪到號碼的顧客，如果不在浴室附近，管理員將讓下一位顧客進入浴室。

三、絕對不許插隊、打架和起哄，誰要是這樣做，會被管理員黃牌警告。兩次警告則收到紅牌，整晚都不能使用浴室。

四、請將洗浴時間控制在五至七分鐘，方便更多顧客使用浴室。超過十分鐘，會受到雙重紅牌警告，三天內不能再次使用浴室。

…………

　　這天晚上我到浴德堂上班後的第一件事，就是把《土耳其浴室排隊及洗浴規則》貼到了浴室的大門上。為了防止後面排隊的動物和怪獸們看不到，我還在院子的大門以及院牆上多貼了幾份。

　　我制訂的規則很快就發揮了功效，當天晚上，打架的現象一次都沒出現。雖然等在隊伍後面的動物們還是會很不耐煩，但我用七張黃牌和一張紅牌，完美地讓大家學會了怎麼壓住自己的臭脾氣。連橘貓淘淘都吃驚地說，夏季浴室開始營業以來，這是頭一次沒有出現插隊和打架的顧客。

　　在解決了打架和插隊的問題後，我發現這還是一份挺有趣的工作。告訴你，單是守在門口看大家手裏拿的沐浴玩具，就已經樂趣無窮了。我最喜歡看大家走進土耳其浴室的那一刻。一隻隻毛茸茸的動物，手裏寶貝似的捧着一小塊肥皂或一瓶浴液，毛巾蓋在頭頂上壓住耳朵，只露出亮晶晶的眼睛和濕漉漉的鼻子，有時候還會穿無比奇怪的浴袍，那樣子實在太可愛了。

　　大多數動物洗澡很快，怪獸們往往沖沖涼水就走，但一遇到黃鼠狼就有些麻煩，因為他們喜歡把整個身體泡在溫水裏，水面上只露出小腦袋。常常要我催好幾次後，他們才會不情願地從浴室裏走出來。無論是誰，從土耳其浴

室走出來的時候，都會煥然一新。

　　一個星期後，斗牛親眼看到被我管理得井井有條的浴德堂時，吃驚極了。那時候已經沒有顧客排隊了，大家都舒適地坐在院子裏聊天，或在花仙和樹精們的小集市上溜達。無論是動物還是怪獸，手裏都緊緊捏着一個小小的號碼牌，等着我大聲唸出他的號碼。

　　「幸虧我找到了你。」斗牛感歎，「要是別人，很容易把事情搞砸。」「這沒啥難的。」我得意地說，「和人類相比，動物們的想法簡單多了。」兩個星期後，土耳其浴室夏季營業結束時，我的第一份工作也結束了。我順利地拿到了酬金——一枚小小的銀元寶。

　　就在浴德堂關門停業的第二天，北京下起了少見的大暴雨。這下，動物們不用排隊，也可以痛痛快快洗個澡了。

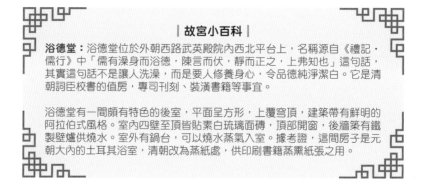

‖ 故宮小百科 ‖

浴德堂：浴德堂位於外朝西路武英殿院內西北平台上，名稱源自《禮記·儒行》中「儒有澡身而浴德，陳言而伏，靜而正之，上弗知也」這句話，其實這句話不是讓人洗澡，而是要人修養身心，令品德純淨潔白。它是清朝詞臣校書的值房，專司刊刻、裝潢書籍等事宜。

浴德堂有一間頗有特色的後室，平面呈方形，上覆穹頂，建築帶有鮮明的阿拉伯式風格。室內四壁至頂皆貼素白琉璃面磚，頂部開窗，後牆築有鐵製壁爐供燒水。室外有鍋台，可以燒水蒸氣入室。據考證，這間房子是元朝大內的土耳其浴室，清朝改為蒸紙處，供印刷書籍蒸熏紙張之用。

3
玄穹寶殿裏的怪獸

「怎麼可能有這種事？」元寶很不以為然。

「那可是我親眼看到的！」楊永樂壓低聲音說，他的眼睛瞪得圓圓的，顯得很激動，「就在昨天晚上，玄穹寶殿的院子裏，當時送來的那隻野貓腿都摔斷了，結果只是摸了一下那個怪獸，奇跡就發生了……」

「野貓自己蹦起來了？」元寶打斷他。

「倒也沒蹦起來，但他立刻就可以下地走路了。」

「楊永樂，我覺得你是看『跳大神』的視頻看得太多了。」元寶喝下最後一口湯，又從我的飯盒裏夾了塊香腸塞進嘴裏。

「那不叫『跳大神』，那是『薩滿舞』，是很莊重的儀式，只有在祭祀⋯⋯」

「你說的那個怪獸今天晚上還會來嗎？」我打斷他，把話題拉回到怪獸上。

「我不確定，但看樣子他在玄穹寶殿待了有一段時間了。」楊永樂對我打斷他的講解很不滿意。

「好嘞，我們吃完晚飯一起去玄穹寶殿走一趟吧！」我把飯盒往桌上一放。

我們離開食堂的時候，紅色的、帶金邊的太陽正慢慢地沉入地平線。夕陽的光輝傾瀉在宮殿的屋頂上，琉璃瓦閃耀着美麗的金光。

「你說的那件事，即便是在故宮裏，也太奇怪了。」元寶在經過東小長街時說。

「我是不是騙人，你們一看就知道了。」楊永樂堅持說。

東小長街是一條很窄的夾道，我們只能排成一排穿過。夾道兩側的紅牆上，很多牆皮已經脫落，露出灰色的磚。這裏是禁止遊客們進入的區域，很多宮殿還沒來得及修復，仍然保持着一百多年前的樣子。玄穹寶殿就是這樣一座宮殿，它是皇帝供奉道教神仙的寶殿。

高大的玄穹門沒有上鎖，只是虛掩着，我們趴在門上

透過門縫往裏看。長滿雜草的院子裏，擺放着銅龜、仙鶴和一個大號的香爐。它們後面是一座氣派的宮殿，在越來越暗的光線裏，顯得古老而神祕。

「沒看見怪獸啊。」我小聲說。

「他可能還沒來。」楊永樂的眼睛緊盯着院子。

元寶靠在門框上，挺着圓鼓鼓的肚子，擦着頭上的汗：「如果他今天一晚上都不來呢？」

「那就明天晚上再來看。」楊永樂堅持說，「不管怎麼樣，我一定要證明我沒騙人。」

「哎喲，我被蚊子咬了……」元寶剛叫出聲，就被楊永樂捂住了嘴。

「快看！」他說，「他來了！」

玄穹寶殿的院子裏發出「沙沙」的聲響，一個純白色的怪獸踩着落葉走到院子中間，抬頭望了望夜空中的星星。我把眼睛緊貼在門縫上，猛地一看他像是一匹白馬，但仔細看才發現，他長着馬頭、騾子身體、驢尾和牛蹄。

「他是甚麼怪獸？」我問楊永樂。

楊永樂搖了搖頭，他也不知道。

「又有人來了。」元寶忽然說。

他說得不太準確，來到院子裏的不是「人」，而是一羣刺蝟。他們抬着小小的、用樹枝做成的擔架，上面躺着

一隻受傷的刺蝟。

「是慈寧宮花園的刺蝟們。」楊永樂認出了他們。

「看起來那隻刺蝟傷得挺重，對嗎？」元寶小聲說。

我點了點頭。受傷的刺蝟腳和背部都有很大的傷口，到處都是深紅色的血液，也許是從高處摔下來了。他一動不動地躺在擔架上，如果不是肚子還有微微的顫動，我會以為他已經死了。

「我懷疑他被電動車撞了。」元寶接着說，「下午的時候，有運送材料的電動車進出慈寧宮花園。」

「不知道他還能撐多久。」我擔心極了。

「用不着擔心。」楊永樂卻說。

「你覺得怪獸能治好他？」元寶問。

「當然。」楊永樂充滿信心地說。

白色怪獸朝着刺蝟們迎了過去。他輕輕聞了聞擔架上

的刺蝟，然後蹲在他的身邊。受傷的刺蝟的氣息已經越來越弱了。

「不可能的……」元寶注視着一切，「來不及了。」

就在這時，領頭的一隻大刺蝟抬起了受傷刺蝟的一隻爪子。他用這隻爪子碰了碰怪獸的後背，又碰了碰怪獸的頭和腳，忽然間……

我和元寶瞪大了眼睛，楊永樂卻得意地笑了。

我們親眼看見，刺蝟身上血紅色的傷口慢慢愈合，變成肉色的傷疤，然後化為紅色的細痕，最後又轉變成幾乎看不見的白色痕跡。

刺蝟爬了起來，抖動了一下身體，就走下擔架，深深地鞠躬，向怪獸致謝。

我和元寶都看呆了。元寶的眼睛直愣愣地看着這一切，嘴脣緊閉。

「怎麼樣？」楊永樂看着我們。

「從任何自然法則來看，這都是不可能的！」元寶搖晃着頭，仍然不敢相信眼前的一切，「從科學角度更是無法解釋的。」

「這不是科學，這是魔法！」楊永樂說。

「不，一定有原理的，魔法也應該有原理。如果我能找出這個怪獸治病的原理，不但會改變整個世界的醫療體

玄穹寶殿裏的怪獸

系，而且……我就發財了！」元寶的眼睛裏閃着亮光，「既能救人，又能發財，還有比這更棒的事嗎？」

「你這個財迷。」我翻了個白眼，「別做夢了，魔法就是魔法，沒有甚麼原理。」

「就算研究不出甚麼原理，我們也可以和這個怪獸合作開個診所甚麼的……」他仍然不甘心。

「喂！我想他看見我們了。」楊永樂打斷他。

「應該是聽見。」我說。怪獸的眼睛正看着我們的方向。

「去打個招呼吧！」我站起身，拍了拍身上的土。

我們推開門，跨過高高的門檻，朝着怪獸走去。那裏，刺蝟們正在慶祝同伴的重生，純白色的怪獸靜靜地被他們圍在中間。當我們走近時，怪獸站了起來。

「你好。」我微笑着說，「我是李小雨，他們是我的朋友楊永樂和元寶，希望我們沒有打擾你們。」

「你們好，孩子們。」怪獸點點頭，白色的鬃毛微微飄動，「你們在門口已經待了很久了嗎？」

「是的。」我有點兒不好意思，但誠懇地說，「我們看到了你為刺蝟治病，你真是個聖潔的怪獸。能告訴我你的名字嗎？」

「我是白特。」怪獸回答，「治病救人是上天賦予我的

能力，我並沒有特別做些甚麼。」

「你就是文昌帝君的坐騎白特？」楊永樂吃驚地睜大眼睛。

「你知道我？」

「當然。日行千里為馬，日行萬里為特，飛越高山險阻，如履平地。」楊永樂飛快地說。

「你一定看過不少書。」白特稱讚道。

「還不算多……不過的確不少。我尤其喜歡看古籍，關於薩滿和神怪的。」楊永樂垂下眼簾，臉泛起微紅，他很少被人稱讚，「而且故宮裏收藏着很多文昌帝君和你的陶瓷雕像。離故宮不遠的東嶽廟裏，你的那尊銅像更大。很多人去東嶽廟就是為了能摸摸你的雕像，希望能治好他們的病。」

「真可惜，只撫摸雕像的話，是不管用的。」白特惋惜地說。

楊永樂上下打量着他說：「難道撫摸你就能治病的傳說是真的？只要摸摸自己的病處，再摸摸你相同的部位，病就能好？」

「是這樣的。」白特微微一笑。

「這實在太神奇了！」還沒等楊永樂接着說下去，元寶就在一旁大聲驚呼，「白特，我們合作開個醫院怎麼樣？專

門救助得了不治之症的人。這樣你可以救活更多的人類，而如果碰到有錢人來治病，我們還能賺很多的錢。」

「不，你們不明白，我並沒有那麼大的能力，我一天最多只能救一個人或動物。」白特說。

「哇！那已經很厲害了！」我讚歎道，「一年就可以救365個。」

「但卻遠遠不夠開醫院的。」元寶卻失望地歎了口氣。

「沒錯。」白特看着他說，「我的能力只夠救助故宮裏受傷的動物和怪獸們，不過我已經很滿足了。」

「你就沒想過怎麼能增強自己這種治病的能力嗎？」元寶問，「比如，吃點神丹甚麼的？神仙們那裏這種東西不是很多嗎？」

「孩子，你知道人類最大的缺點是甚麼嗎？」白特反問元寶。

「人類的缺點很多，比如驕傲、嫉妒、有報復心……但最大的缺點我不知道。」元寶實話實說。

「人類最大的缺點就是太貪心。」白特緩緩地說。

元寶沒說話，臉憋得通紅。

「我並不是在責備你。」白特安慰他說，「作為怪獸，我們同樣也有貪心的毛病。我以前就犯過這樣的錯誤，才變成了今天的樣子。我只希望你們不要再犯同樣的錯誤。」

「你犯了錯誤才變成現在的樣子，難道說你起初不是這個樣子？」我追問。

「是的，那時候我可比現在威風多了。」白特輕輕歎了口氣，說：「我最初長得像銀白色的蛟龍，生活在洛水裏，身上的鱗片如水晶般晶瑩，看到我的人都會把我當作河神。」

銀色的蛟龍？可我眼前的白特更像一匹白馬和牛的混合體。

「那你怎麼會變成現在這個樣子的呢？」我吃驚地問。

「這是對我貪心的懲罰。」白特說，「那還是一千多年前的事情。」

原來唐朝的時候，人們喜歡在洛水中為馬洗澡。馬肉的香味傳到水底，被白特聞到，他就從水底游出水面，一口吞掉這些洗澡的馬。漸漸地，人們都不敢在洛水裏洗馬了。可是，白特的胃口卻越來越大，沒有了馬，連牛、騾子、驢這些牲畜，只要靠近洛水都會被他吞吃掉。一時間，人們都不敢再靠近洛水，洛水鬧水怪的傳說也慢慢傳到了天神們的耳朵裏。

終於有一天，文昌帝君帶着他的兩個侍從「天聾」和「地啞」來到洛水旁，讓「天聾」變成一匹駿馬，把白特從水底引了出來。當白特正要吞下變成駿馬的「天聾」時，

文昌帝君突然出現。一道金光閃過，白特發現自己變形了：他的修長的身體迅速變短，長出了又長又細的四肢；尖銳的爪子變成了牛蹄，粗壯的尾巴變成了驢尾……他在洛水裏看到自己的倒影時，差點兒暈過去。那分明就是一個馬不像馬、驢不像驢、牛不像牛、騾子不像騾子的四不像。無論白特多麼憤怒，一切都無濟於事了。他已經失去了尖利的牙齒和爪子，不能再對任何人產生威脅。白特就這樣被文昌帝君降服，從此成為他的坐騎，每天馱着人間祿籍（舊時指天上或冥府記錄人的福、祿、壽的簿冊）在各處奔走。

「其實……你現在的樣子也挺好。」這下輪到我來安慰他了。

「是嗎？要是其他怪獸也這麼想就好了。」白特苦笑了一下說，「我很少離開玄穹寶殿，就是怕他們會嘲笑我。他們大多見過我以前的樣子。」

「誰敢嘲笑你？」半天沒說話的元寶插了進來，「他們一旦生病或者受傷，估計求你都來不及。」

白特露出吃驚的樣子：「不，不，為大家看病是我自願的，用不着來求我。我想以此彌補以前帶給別人的傷害。幫助別人也讓我自己更快樂。」

「我突然又有了一個想法。」元寶湊到白特面前。

白特往後退了一小步說：「你也聽了我的故事了，我覺得開醫院不是個好主意……」

「不，不是開醫院的事情。」元寶的眼睛裏重新燃起了亮光，「你剛才說每天都要馱着人間祿籍在各處奔走，這提醒了我。文昌帝君掌管着考試和功名，聽說他手裏的人間祿籍記錄了所有考生的成績，你能不能把我將來考大學的成績提前告訴我？」

白特嚇得往後一跳，一個勁兒地搖頭：「你最好別打這歪主意，你知道文昌帝君身邊的童子為甚麼一個叫『天聾』一個叫『地啞』嗎？就是因為他們一個耳朵聽不見，一個

不會說話，這樣就不會把學子們的命運透露出去。」

「如果你說出去了，文昌帝君會把你怎樣？」我有點兒好奇。

「我不知道，也不想知道。」

說這句話的時候，白特已經跑得離我們很遠了。

「喂！就算不透露成績，我們也可以有其他……」元寶扯着嗓子喊，但白特已經飛快地消失在夏夜的迷霧中。

故宮小百科

天穹寶殿：故事中的玄穹寶殿，在現實中對應的是故宮內的天穹寶殿。天穹寶殿位於紫禁城內廷東路、東小長街北段欽昊門內，東臨東筒子路，西鄰景陽宮。它始建於明朝，初名玄穹寶殿。清順治朝改建，後來因為康熙皇帝名字叫玄燁，為了避諱更名為天穹寶殿。

天穹寶殿的院落為長方形，南牆正中開琉璃門，名天穹門。院中正殿坐北朝南，面闊五間，黃琉璃瓦歇山頂，殿內懸乾隆皇帝御筆楹聯「無言妙化資元始，不已神功運穆清」。天穹寶殿的作用是祭祀昊天上帝，它是宮中道教活動的場所，並與欽安殿、大高玄殿一同貯藏宮中道經。殿內原懸掛玉帝、呂祖、太乙、天尊等畫像，每年於此舉辦天臘道場（正月初一）、天誕道場（正月初九）、萬壽平安道場（皇帝生辰）等活動，平時由景陽宮太監負責灑掃。清朝同治皇帝、光緒皇帝曾到此拈香祈禱。

4
龍涎香傳說

那到底是種甚麼樣的香味呢？

龍涎香的味道，真是說不清啊！那淡淡的、温暖的味道剛被吸入胸膛，我就突然有了想大哭一場的衝動。

「它們值多少錢？」元寶的眼睛睜得老大，這個十一歲的男孩還是頭一次被一種香味深深吸引。

「無價之寶。」

佈置展覽的叔叔把它們放進玻璃櫃，仔細地上好了鎖。空氣中，那淡淡的、令人難以忘懷的香味卻久久沒有散去。

這是故宮裏收藏的乾隆時期的龍涎香第一次對外展

覽。如果只是看着玻璃櫃裏它們的樣子，你很難相信那些灰白色的小石塊就是世界上最珍貴的香料。哪怕是故宮裏，也只收藏了六小塊龍涎香。

我早就聽說過關於這種香料的浪漫故事，所以一聽說它將要被展出，就拉着元寶急匆匆地趕了過來。剛剛看到它們的樣子時，我挺失望，但當它們那若有若無的香味飄散出來時，我一下子就沉醉其中了。

古書中說，龍涎香出產於南巫里洋中的一座孤島——龍涎嶼。這座島遠離大陸，哪怕從蘇門答臘島出發，也需要坐一天一夜的船，才能到達那裏。

但並不是所有人都能找到龍涎嶼，那裏常年都有厚厚的雲霧籠罩在周圍，很容易讓人迷失方向。就算你找到了龍涎嶼，也不一定能接近它。島嶼附近的大洋中有很多漩渦，隨時會把船隻捲入海底。

雖然很危險，但是每年春天都會有那麼幾天，龍涎嶼上雲開霧散，這時總會有漁夫冒險登上孤島，為的就是拿到龍涎香。

原來，龍涎嶼之所以會被濃霧籠罩，是因為有一羣龍生活在島嶼附近的深海裏。他們的口水飄到海面上，被陽光暴曬變乾，被海浪沖到龍涎嶼的海岸上，就變成了龍涎香。每到春天，羣龍都會熟睡一段時間。這段時間，島上

的雲霧會散去，海水中的漩渦也會消失。勇敢又有經驗的漁夫，就是在這個時候悄悄登上小島尋找龍涎香的。

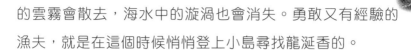

　　即便能順利登上小島，也很難撿到多少龍涎香。因為早在漁民們到來之前，很多龍涎香就已經被魚類或者鳥類吃掉了。還有的龍涎香則被海浪打碎或者撞到岩石上摔碎，滲入沙子裏。所以，漁民們將龍涎香分成了三個等級：一等品叫作「泛水」，二等品叫作「滲沙」，三等品叫作「魚食」。

　　「泛水」是最純正的龍涎香，最珍貴，數量也最少；「滲沙」是有龍涎香滲入的沙子，它們凝集多年，受到風風雨雨的洗禮，龍涎香的香味已經浸透了它們，讓這些普通的沙礫也變成上好的香料；而「魚食」，則是被魚和鳥吃進肚子裏的龍涎香，隨着牠們的糞便又被排出體外，氣味雖然腥臭，但是仍然有隱約的香氣。

　　漁民們會在羣龍睡醒前駕駛着小船離開孤島回到陸地，將珍貴的龍涎香賣給官府，得到豐厚的報酬。也有不少人因為弄錯了時間，離開時被海中的漩渦捲走而喪命。

　　還有一些龍涎香並沒有被海浪沖上龍涎嶼的海岸，而是隨着大海的浪濤在海面上四處漂流。這些龍涎香經常會被海中的人魚們撿到，用來和船員或者海盜交換自己需要的東西。

從一千多年前的唐朝開始，中國的皇帝就鍾愛龍涎香那迷人的香氣。它被當作最受歡迎的貢品從世界各國運來，送進皇帝的宮殿。因為數量實在太少，即便是皇帝也不能隨心所欲地享用。

聽完我講的故事，元寶一直在思索着甚麼。

「一種香料居然能這麼珍貴？不就是龍的口水嗎……」

他突然站了起來，眼睛閃閃發光，我立刻有了一種不妙的預感。元寶的這種表情往往意味着，他的財迷症發作了。如果我猜得沒錯……

「喂！我希望你不是在打龍大人的主意！」我立即發出警告。

「為甚麼不？」果然，他回答，「龍涎香之所以珍貴，就是因為它是龍的口水製成的。如果它是用狗的口水製成的，就算它的香氣再獨特，也不會那麼珍貴。」

「可是……」

「一般人很難見到龍，」他根本不給我說話的機會，「但我們不一樣。在故宮裏，如果你願意的話，每天晚上都能見到龍，不是嗎？」

「當然不是每天晚上，即便在故宮，想見到龍也沒你說得那麼容易。」我反駁他。

「但比普通人容易多了。」

這回我沒說話，因為事實的確是那樣。一般人一輩子可能都見不到真龍一次，而我今年就已經見過一、二、三、四⋯⋯好吧，記不清多少次了。

　　「所以啊，小雨，我們發財了！」元寶神經質地笑着。

　　「你是想讓我去找龍要他的口水來製作龍涎香？」說到這兒，我突然覺得有點兒噁心。龍的口水，也是口水啊。

　　「龍那麼小氣，就算是口水，我覺得他也不會白給你的。」元寶說，看來即便是財迷症發作，他也沒有完全喪失分析能力。

　　「你知道就好。」我鬆了口氣。

　　「但是，我們可以拿東西和他換啊！」

　　元寶的怪想法可真多。

　　「我們手裏有龍需要的甚麼東西嗎？」我可不相信。

　　「那我怎麼知道？我們連龍需要甚麼都不知道。」他撓撓頭說，「今天晚上，我們去找龍問問他需要甚麼，沒準兒我們身上就有他想要的東西。」

　　我歎了口氣。一聽到與錢有關的事情，元寶總是這麼積極。

　　「就算是拿到了龍的口水，我們也不知道怎麼把它變成龍涎香啊。」我希望元寶能改變主意。

　　但他比我想得還固執，胸有成竹地說：「我在化學小

組裏學過結晶的方法，只要能拿到口水，其他的應該都不難。」

看來除了讓龍當面拒絕元寶，沒人能令這個小財迷改變主意了。

楊永樂今天一整天都要整理失物招領處的倉庫，所以，只有我和元寶一起去食堂吃晚飯。我們邊吃邊商量怎麼能在晚上見到龍。最後，我們倆一致認為，還是找野貓梨花去給龍送個信兒比較靠譜。於是，晚餐時我們省下幾塊牛肉，帶到珍寶館去找梨花。梨花看到牛肉後，很痛快地答應幫我們這個忙。她把牛肉藏好，「嗖」的一聲跳上紅牆，轉眼就消失在傍晚紫色的霞光中。

我和元寶眺望着遠處的天空，一邊聊天一邊等梨花的消息。當天完全黑下來的時候，梨花白色的身影終於出現在另一側的紅牆上。

「事情辦好了，跟我來吧。喵──」

月光照亮了紅牆間的小路，寂靜的故宮裏，我們的腳步聲顯得格外響亮。

龍趴在雨花閣的屋頂上，他的鱗片在月光下閃着金光。

「龍大人，兩個星期不見，您在南山休養得可好啊？」元寶顯得格外熱情，圓圓的胖臉上堆滿了笑。

龍探出頭看了看，說：「聽梨花說，你和小雨找我？」

「是啊，是啊。我們有一點兒小小的請求，不知道您願不願意幫忙。」

「找我幫忙？你們最好去找斗牛，我最近身體不大好，腰疼病又犯了。」龍誇張地呻吟了一聲。

「不，不，這件事只有您能幫我們。」元寶笑着說，「但您放心，我們並不需要您做甚麼，我們只是想要一點兒您的口水。」

「你說你想要甚麼？」

「口水，您的口水。當然我們並不是白要，如果您需要甚麼……」

龍打斷他問：「你要我的口水做甚麼？」

「我想嘗試製作龍涎香。」

「龍涎香是甚麼？」龍好奇地問。

「一種香料，用您的口水製作的香料。」元寶耐心地回答。

龍似乎鬆了口氣：「孩子，別費心思了。我的口水雖然有點兒特殊的用途，但它絕對製造不出甚麼香料。不信的話，你可以聞聞。」

說完，龍衝着元寶張大嘴巴，「哈」的一聲吐出一口熱氣。元寶差點兒被龍的口臭熏暈，我也忍不住捏緊了鼻子。

「是……不太好聞。」

「所以，你一定是弄錯了。」龍懶懶地說。

「也許，您的口水結晶、提純後會發生化學變化，味道就不同了。」元寶哭喪着臉說，「否則，關於龍涎香的那些傳說又是怎麼來的呢？」

「相信我，孩子。我從沒聽說過，我們龍族的口水可以做甚麼香料。好了，我要睡一會兒了。」

龍半瞇着眼睛，看起來不想讓人再打擾他了。

元寶耷拉着腦袋，和我一起回到失物招領處。楊永樂正在儲藏間裏整理他收到的遺失物。那些遺失物和正常的遺失物不同，大多都是動物們和怪獸們送來的，在我看來都是些稀奇古怪的玩意兒。我不禁歎了口氣，為甚麼自己總喜歡和奇怪的傢伙交朋友呢？

「元寶怎麼了？像泄了氣的皮球。」楊永樂問。

「我們去找龍要口水，但是失敗了。」我回答。

「你說甚麼？你們去找龍要口水？」楊永樂被我的話嚇了一跳，「為甚麼？」

「我想自製龍涎香。」元寶接過話說，「如果我成功了，這可能會成為世界香料史上的奇跡。」

「你要製造龍涎香？哈哈哈！」楊永樂突然炸雷似的大笑起來，好像聽到了天大的笑話。我和元寶呆呆地看着他，完全不明白這有甚麼好笑的。

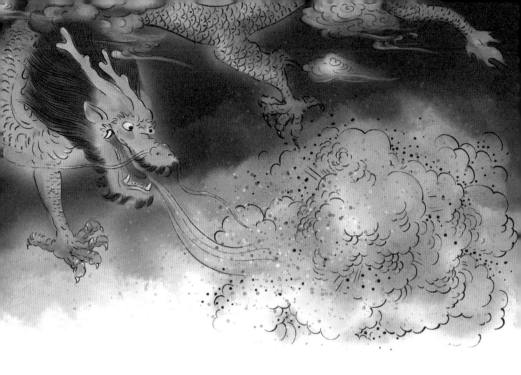

　　笑了好一陣，楊永樂才又開口說：「你知道龍涎香是甚麼東西做的嗎？」

　　「龍的口水啊！」元寶不高興地看着他。

　　「不是的，那只是傳說。你不是一直不相信傳說，而只相信科學嗎？」楊永樂說，「龍涎香根本不是龍的口水，它們其實來自抹香鯨，而不是龍。」

　　「抹香鯨？」這回輪到元寶吃驚了。

　　「是的。實際上它們原本是抹香鯨吃進肚子裏那些烏賊和章魚的骨頭，因為不能消化，這些骨頭會在腸道內與分泌物結合成固體，被抹香鯨吐出來或者拉出來……」

　　「你是說，龍涎香實際上是鯨魚的嘔吐物或者糞便？」

我感覺到胃裏一陣難受，這比口水還噁心。

「可以這麼說。」楊永樂點點頭。

「這不可能！如果真是你說的嘔吐物或便便，那它們會因細菌分解而變質，味道應該很臭，怎麼可能做香料？」元寶一臉的「不相信」。

「沒錯，剛被抹香鯨吐出的龍涎香是黑色的，氣味難聞。不過在陽光、空氣和海水長年的作用下，它們會變硬、褪色並散發香氣。」楊永樂說，「在海面上風化的時間越長，龍涎香的香氣也就越悠長。品質最好的白色龍涎香，要經過上百年的海水浸泡，將雜質全漂出來。最差的

龍涎香也需要海水浸泡幾十年，而新鮮的龍涎香沒有任何價值。」

「如果是這樣，傳説中的龍涎嶼也不存在嗎？」我問。那個神奇的孤島是傳説中我最喜歡的部分。

「那倒不一定。古籍中記載的蘇門答臘島是真實存在的，而那裏面記載的南巫里洋指的就是印度洋。印度洋正好是抹香鯨聚集生活的地方，所以龍涎嶼很可能就是印度洋中的一座孤島。在抹香鯨經常出現的地方，一些龍涎香漂到海島的沙灘上，這不是不可能。」楊永樂歎了口氣，接着說，「你們現在知道為甚麼龍涎香的數量越來越少了吧？」

「因為抹香鯨腦油。」元寶的口氣也變得沉重起來，「人們發現抹香鯨腦油燃燒時沒甚麼奇怪的味道，可以製造品質更好的蠟燭，於是開始大量捕殺抹香鯨。後來，石油代替了鯨油用來照明，人們又發現，抹香鯨腦油是很好的機械潤滑油。在人類不停地捕殺下，抹香鯨的數量越來越少。」

「沒錯。直到後來出現了霍霍巴油這樣的潤滑替代品，人類才停止對抹香鯨的商業捕殺。即便是這樣，由於地球氣候變暖，抹香鯨的數量還是在不停地減少。」楊永樂停下手裏的活兒，抬起頭說，「也許有一天，抹香鯨會和龍

涎香一起從地球上消失，會變成書裏才有的海怪，被當作傳說。」

聽到這裏，我們很長一段時間都說不出話來。

│ 故宮小百科 │

明清宮廷的香料怎麼用？ 在這個故事中，關於龍涎香和龍涎嶼的傳說，分別來自宋代人所撰的《嶺外代答》和陪同鄭和下西洋的翻譯官費信撰寫的《星槎勝覽》。明清兩代，宮廷都要使用大量的香料，它們的用途有以下幾種：

祭祀儀式：古人認為，在祭祀中焚燒香料，裊裊香煙可以起到與上天溝通的作用，因此在各種祭典上必然少不了檀香、降香、乳香等香料的影子。同時，明清兩代的皇帝在拜祭皇家陵寢，參與佛教、道教宗教儀式時，也會使用大量的香料，以表虔誠和敬意。

日常使用：香料氣味宜人，價值貴重，還有防蟲防蛀等效用，很適合宮廷生活的需要。因此紫禁城中的各座宮殿內外，既有大型的香爐，也有小巧精緻，能夠放置在室內桌枱上的香具。除去家居佈置外，宮廷中人還把塊狀、粉狀的香料製成香囊、枕邊香、扇墜等隨身佩戴，掛在車轎內。體積比較大的香木，還能做成大型擺件，甚至是宮殿的建築部件。

入藥：香料本身就具有藥用的價值。故宮博物院收藏的《乾清宮·續入庫貯陳設油露藥材等項檔案》中，記載了多種被當做藥材使用的香料，我們熟悉的就有丁香、沉香、龍涎香、安息香、白檀香、紫降香、伽南香、雞爪香等。

賞賜：香料具有一定的禮儀和經濟價值，明清皇室常將其作為賞賜宗室大臣的物品，來聯繫雙方的感情，強化皇室的威儀。

5
能言龜大逃亡

　　我還是第一次見到白色的烏龜呢。

　　他趴在內金水河河岸邊一塊石頭後面，在夕陽金色的餘暉下，像一塊潔白的玉石。我發現他的時候，他正用慢得驚人的速度朝河水爬去。我很輕易就把他按住了。烏龜迅速縮回了頭和爪子，只剩一副堅硬的龜殼。我發現，他的殼上有個圓形的凹痕，不知道是不是以前的主人為他做的記號。

　　我把他帶回了失物招領處，楊永樂找了個大塑料盆給他當作新家。「準是哪個遊客帶進故宮，準備放生的。」楊永樂輕輕撫摸着白烏龜的脊背，但是烏龜就是不願伸出頭來。

　　他說得沒錯，經常有遊客偷偷帶着烏龜進故宮放生。

御花園的水塘裏甚至還出現過個頭兒比臉盆還大的美洲鱷龜，讓御花園的管理員頭疼不已。管理員叔叔說，這些烏龜有的是不會游泳的陸龜，也被扔進水裏了。而且還有很多烏龜是外來入侵物種，很容易破壞環境。所以每隔一段時間，他都要清理一次水塘，以免御花園的植物被外來的烏龜們扼殺掉。

「白色的烏龜還真少見啊。不知道是甚麼品種？」我緊緊盯着白烏龜，但他沒有一點兒要動的意思。

元寶湊過來，仔細看了看，說：「從龜殼上的紋路看，他應該是白化的中國草龜。白化動物在自然界中不算特別少見，白虎、白鹿、白色的大猩猩……甚至有動物學家發現過純白色的蜘蛛。這是基因突變或者遺傳導致的，牠們和一般的同類其實沒甚麼區別，但會更怕光，因為失去了偽裝色，也更容易受到天敵的攻擊，所以比正常動物更難在自然界存活。」

「你還真是甚麼都知道啊。」我佩服地說，「看來我們要好好照顧他。」白烏龜的龜殼很光滑，摸起來有陶瓷的手感。如果不是他偶爾會探出頭迅速看一下周圍，真的很像是一件漂亮的陶瓷工藝品。我們撒了些米粒在水盆裏，還放了一小塊豬肉，但是白烏龜仍然不露頭。

「這些食物需要浸泡兩個小時以上，烏龜才能消化。」

元寶很懂行地說，「所以，他應該是在等食物被泡軟。」

可是一直到了第二天，白烏龜也沒有吃一口食物。倒是天蒙蒙亮時，楊永樂起牀去上廁所時發現，白烏龜已經爬出了水盆，正以極為緩慢的速度朝大門爬去。楊永樂想也沒想就把他抓回了水盆，還在水盆周圍擋了一圈廢紙盒，防止他再次逃跑。

「烏龜很長時間不吃東西也沒事。」元寶安慰我們說，「放心，等到餓的時候，他自然就吃了。」事情完全沒有他說得那麼簡單，白烏龜似乎下定決心要絕食。整整一個星期，他都沒有吃一丁點兒東西。我們在網上查了大量的資料，無論是小蝦、魚肉，還是玉米、西瓜皮，其他烏龜喜歡吃的這些東西放在他面前，他都提不起一點兒興趣。

白烏龜最感興趣的是逃跑，只要有一丁點兒機會，他都不會放過。他甚至試圖爬上擋住他道路的大紙箱，但是努力了半天，還是被我們抓回了水盆裏。說實話，以他的速度，真的很難跑出我們的手心。但是每次逃跑失敗後，他都絲毫不氣餒，等待時機再次出逃。

在白烏龜絕食十天後，連元寶都沒主意了：「我從沒見過這麼挑食的烏龜。」

「會不會我們弄錯了品種？他不是甚麼中國草龜，而是忍者神龜？」楊永樂問。這種時候，他居然還有心思開玩

笑，被我狠狠地瞪了一眼。

「忍者神龜是巴西龜。」元寶很耐心地比畫着回答，「巴西龜的頭頂後部兩側有兩條紅色粗條紋，這隻烏龜沒有。而且，他也沒帶可笑的『眼罩』。」

兩個男孩「哈哈」笑作一團，只有我皺着眉頭，覺得這個笑話一點兒都不好笑。我用手掌捧起白烏龜，發愁地說：「小傢伙，你到底想吃點兒甚麼呢？告訴我好不好？」

「松枝上的露水。」一個沙啞的聲音不知道從哪裏冒了出來。我、元寶和楊永樂一下子安靜下來。這是誰的聲音啊？像個上了年紀的老爺爺。可是，房子裏除了我們三個人，沒有別的人啊。

「是……是誰在說話？」我的聲音有點兒顫抖。

「不是你問我想吃甚麼嗎？」白烏龜從殼裏探出頭來說。

我嚇得一下子把他扔到水盆裏：「你、你、你會說話？」

「我、我、我會說話。」白烏龜竟然還學我結巴。

「你不是普通烏龜？」楊永樂問，他看起來比我鎮定。

「我就是普通烏龜，只不過歲數大了一點兒。」白烏龜慢吞吞地說，「千歲之龜能作人言，你們沒聽說過嗎？」

「哇！你活了一千歲？那也太厲害了！」元寶驚叫道。

「有甚麼大驚小怪的，故宮裏比我老的傢伙多得是呢！」白烏龜嘟囔着，「我餓了，快把我放到松樹上去喝露水吧。」

「松樹上太危險了，那麼高你要是摔下來怎麼辦？」我說，「我幫你去摘點松枝怎麼樣？」

「不用那麼麻煩，你把我送到松樹旁邊就可以了，我自己能喝到。」白烏龜說。看到他那麼堅持，我也沒有繼續反對，畢竟是隻一千歲的烏龜，他肯定有自己的主意。

我抱起白烏龜，朝御花園走去，那是故宮裏松樹最多的地方。可是，剛走到一半兒，白烏龜就叫喚了起來：「哎呀，你要帶我去哪兒啊？」

「去御花園啊。」

「我不要去御花園，我要去翊坤宮！」

「翊坤宮？」我眨了眨眼睛。翊坤宮前是有兩棵高大的松樹。但那兩棵松樹筆直筆直的，高聳入雲，不要說烏龜了，就算是楊永樂也爬不上去啊。

「對，我要去翊坤宮。」白烏龜着急地擺動着他的小短腿。

「好吧。」我無奈地說。也許到了翊坤宮，他就會改變主意。

天還沒完全黑，遠處的天空飄着一片溫柔的紅雲，故宮裏的路燈已泛起了橙色的光。

翊坤宮裏別提有多安靜了。宮殿大門兩側的鳳凰和仙鶴雕塑此時已甦醒，但仍像雕塑一樣或站或臥在石台上，

時不時整理一下身上的羽毛。我把白烏龜放到一棵松樹下。

「還需要我做些甚麼嗎？」我不放心地問。

「不用了，到這裏就可以了。」他搖搖頭說，「再見吧！」我還在猶豫要不要離開，就被楊永樂和元寶拉到了翊坤宮大門後面躲了起來。

「你們……」

「噓！」楊永樂示意我不要說話，他指了指院子裏的白烏龜。只見白烏龜並沒有嘗試爬上松樹，而是朝相反的方向爬去。他爬得很慢，但對於一隻烏龜來說已經算是飛速前進了。足足爬了二十分鐘，他才爬到宮殿前一隻仙鶴的腳下。

白烏龜儘可能地伸長了他那短脖子，抬頭和仙鶴說着甚麼。仙鶴也彎下他那優美的脖子，看起來和白烏龜聊得挺投機。白烏龜和仙鶴都說了些甚麼呢？我們無論把耳朵豎得有多長，都聽不清他們的談話。

「我就知道白烏龜來翊坤宮不是為了喝甚

土耳其浴室裏的戰鬥

麼松枝上的露水。」楊永樂壓低聲音說，「露水只有清晨才會有，太陽一出來就曬乾了。一隻活了千年的烏龜怎麼會不知道？他來這裏一定有別的目的。」

「難道他是專門來找仙鶴的？」我猜。

「不知道啊。」楊永樂搖搖頭。我們蹲在大門後面，大氣都不敢出，悄悄觀察着白烏龜的一舉一動。

聊了一會兒後，仙鶴從石台上走了下來。白烏龜縮回脖子，慢吞吞地跟在仙鶴身後。他們走到了另一隻仙鶴面前，似乎在商量着甚麼。忽然，其中的一隻仙鶴張開翅膀飛上了旁邊的松樹，他用尖尖的嘴從樹上折斷了一根松枝，叼在嘴裏，飛回了地面。

「原來，他是想請仙鶴幫他折松枝啊。」我鬆了口氣說，「估計是自己無論如何也爬不上去，所以才請仙鶴幫忙的。看來是我們想多了。」

「沒有那麼簡單。」楊永樂的眼睛緊緊盯着白烏龜和仙鶴。仙鶴彎下腰，將松枝遞給白烏龜。白烏龜並沒有去喝松枝上的露水，而是把結實的松枝緊緊地咬在嘴裏。

緊接着，令我們吃驚的事情發生了：兩隻仙鶴各叼住松枝的一頭，同時扇着翅膀，朝着昏暗的天空飛去；而白烏龜則咬着樹枝，也搖搖晃晃地升上了天空，宛如被風颳上天空的白氣球。他這是要去哪裏啊？我們從門後站起

來，仰望着天空。仙鶴們在天空中翱翔了半圈，朝我們頭頂的方向飛來。

「喂！白烏龜，你打算這樣逃跑嗎？」忽然，元寶在我身邊大喊了一聲。

「關你甚麼事？」白烏龜嘶啞的聲音從空中傳來。

幾乎同時，一團白乎乎的東西從半空中掉了下來，還沒等我反應過來，就被元寶一把接住抱進懷裏。也許是因為那東西實在太重，元寶一下子跌坐到地上，嚇得直喘粗氣。

我們仔細一看，元寶抱在懷裏的不正是白烏龜的龜殼嗎？難道白烏龜把龜殼丟了？

元寶好奇地看着手裏的龜殼，又看看半空中飛翔的仙鶴。這時候，我們都聽到一聲重重的歎息，緊接着有個聲音從龜殼裏傳了出來：「都怪你啊！都怪你！」

白烏龜慢吞吞地從龜殼裏伸出了腦袋，不高興地對元寶說：「要不是你，我差點兒就成功了。」

「為甚麼要怪我呢？」元寶問。

「我都已經和仙鶴們說好了，如果送我回到數過國，我一定用數過國特有的仙果來酬謝他們。辦法都想好了，我咬緊樹枝，他們銜住兩端帶着我飛。都怪你啊，非要說甚麼『你打算這樣逃跑嗎』，我一生氣，忍不住回了嘴。結果剛一張嘴，就從空中掉了下來。」

「原來是這樣，那太對不起了。」元寶乖乖道歉。

「數過國是哪裏啊？我怎麼從來沒聽說過這個國家的名字啊？」楊永樂好奇地問。

「那裏是我的家鄉。」白烏龜回答，「因為會說話，還會預言未來，我被裝在青玉匣子裏獻給了這裏的皇帝。但從離開數過國的那一天起，我就立志總有一天要回到家鄉。」

「這可不行啊，能言龜。」一個聲音忽然從我們身後傳來。

「誰？誰說不行？」白烏龜生氣地晃着小腦袋。

「是我啊。」一個怪獸從宮殿的陰影裏走了出來。

「斗牛？怎麼又是你啊？」白烏龜不高興地說。

「我聽說兩隻仙鶴叼着一隻烏龜在故宮上空飛，一下子就猜到是你。」斗牛笑眯眯地回答，「我都說過多少次了，你要是回到數過國，故宮裏可就亂套了。」

「亂套了？為甚麼？」我睜大眼睛問。

「你們還不知道吧？這隻能言龜可是國寶啊，要是丟了，故宮裏還能不亂成一團？」斗牛說。

「國寶？我怎麼沒聽說過故宮裏有這樣的國寶？」

「你沒聽說過能言龜，但你總聽說過青釉龜形硯滴吧？」斗牛眨着眼睛說。

我大吃一驚：「難道青釉龜形硯滴就是眼前的這隻白

烏龜？」

「沒錯，沒錯，就是他！」斗牛回答，他又轉向白烏龜說，「我早就告訴過你，數過國已經消失上百年了。這不是騙你，嘲風專門去找過那個國家，飛到那裏後發現數過國已經變成了沙漠。你啊，還是聽從我的勸告，踏踏實實地待在故宮裏吧。走，我送你回展館去！」

「不要啊！我不要回展館，我要回數過國！數過國！」白烏龜不甘心地大叫着。斗牛一把將他捧起來，朝着故宮的深處走去。

‖ 故宮小百科 ‖

翊坤宮：內廷西六宮之一，明清時為妃嬪居所。它始建於明永樂十八年（1420年），稱萬安宮，嘉靖十四年（1535年）改為翊坤宮。清朝曾多次修繕。

翊坤宮正殿內設有地平寶座、屏風、香几、宮扇，上懸慈禧御筆「有容德大」匾。殿前設「光明盛昌」屏門，台基下陳設銅鳳、銅鶴、銅爐各一對。溥儀遜帝時曾在正殿前廊下安設鞦韆，現鞦韆已拆，鞦韆架尚在。

後殿體和殿，清晚期連通儲秀宮與翊坤宮時，將其改為穿堂殿。光緒十年慈禧五十壽辰時移居儲秀宮，曾在此接受朝賀。光緒帝選妃也在此舉行。現在人們參觀翊坤宮，裏面的陳設還都保留着清宮的原貌。

數過國的白烏龜：故事中心心念念家鄉「數過國」的白烏龜出自後漢郭憲所撰的神話志怪集《漢武洞冥記》（亦稱《洞冥記》），這本書第四卷記載了數過國送給漢武帝一隻可以占卜的神龜：「元封三年，數過國獻能言龜一頭，長一尺二寸，盛以青玉匣，廣一尺九寸，匣上鏤一孔以通氣。東方朔曰：『唯承桂露以飲之，置於通風之台上。』欲往卜，命朔而問焉，言無不中。」故事中的硯滴，是故宮博物院收藏的東晉越窯系青釉龜形硯滴。硯滴是古人寫字時，控制磨墨加水量的文具。它小巧玲瓏，為烏龜形，龜首昂起，頸部刻劃螺旋紋。龜背前小後大，有圓形的小直口可以盛水，龜腹平坦，刻劃十瓣蓮花裝飾。

6
當飛魚碰到飛魚

不要問我面前的怪獸是誰，我真的不知道。

自從這個月的月初，「明朝正統、景泰、天順御窯瓷器展」在延禧宮的東配殿展出以後，我就有了不太好的預感。

明朝是個喜歡海怪的朝代。從那個時期的瓷器中「蹦」出幾個長相奇特的海怪，也是意料之中的事情。

不過，站在我們面前的這個怪獸，真的是海怪嗎？

如果不是他全身覆蓋着帶花紋的紅色鱗片，並有長得十分像魚鰭的腿，我真的會把他當成我非常熟悉的一種動物——豬。

所以，當他告訴我們他不是甚麼「豬魚」，他叫「飛

魚」時，我和楊永樂都捂着肚子大笑，覺得這實在太好笑了。

最後他搬出了《山海經》。那是很古老的一個版本，書頁已經脆得和餅乾一樣，我不知道他是從哪裏弄來的。當他伸出魚鰭時，那本書就好好地待在上面了。他不慌不忙地翻到了「中次三經」中的一個章節，指着其中一處問：「你們能看懂這句話的意思吧？」

「當然！」為了不讓他太小看我們，楊永樂理直氣壯地接過書，並大聲讀了出來，「……正回之水出焉，而北流注於河。其中多飛魚，其狀如豚而赤文……」

還沒讀完，楊永樂就抬起頭，張大嘴巴看着我，我也同樣吃驚地看着他。我們都知道古文中的「豚」就是「豬」的意思，而「赤文」指的就是紅色的斑紋。怪獸飛魚居然真的是披着紅色魚鱗的豬？這和我所知道的海洋中那種擁有銀色翅膀的飛魚差得實在太多了。

「這是人類書籍中對我最早的記錄。」飛魚得意地說，「當然，後來，人們出於對我的喜愛，經常會把我的樣子畫在瓷器上、書本裏，甚至刻成木雕或石雕。」

聽了飛魚這番話後，除了感歎古人們奇怪的品位，我們還能說甚麼呢？

「很高興見到你，飛……飛魚。」我帶着禮貌的微笑說

道。我一直以為，故宮裏沒有比角端更胖的怪獸，看來我想錯了。飛魚那豬一般的身體至少比角端大兩圈。

「我很長時間沒看到人類的孩子了，你們怎麼會在這兒？」飛魚很感興趣地看着我們。

「只是碰巧路過，我們是來取東西的。」楊永樂指了指院子另一側一間不起眼的屋子，那是織繡文物組的辦公室。

我媽媽下午在那裏開會的時候，把一大串鑰匙落下了，直到吃完晚飯後她才發現。而跑腿，永遠是孩子的事。結果，我和楊永樂剛走進延禧宮的院子，就看到這個胖乎乎的怪獸站在院子的正中央。

飛魚點點頭：「既然這樣，你們繼續去取東西吧。再會！」

「再見。」

我和楊永樂與飛魚告別後，轉身朝織繡組辦公室走去。但我們都能感覺到，有兩道好奇的目光「粘」在我們背上——飛魚並沒有離開。

我掏出鑰匙，準備打開辦公室的門。當鑰匙剛剛轉了半圈後，門猛地震動了一下。我以為是楊永樂在推門，但抬起頭髮現，他臉上的表情顯得比我還要吃驚。

於是我極其緩慢地轉完了鑰匙的後半圈，幾乎同時，大門朝我們的方向猛地撞過來，把我和楊永樂都撞倒在地。

等我的眼睛中不再冒金星的時候，我看到一個怪獸威風凜凜地站在我們面前。

他長得像一條巨大的蟒蛇，頭上有一對漂亮的鹿角，身上長着翅膀形狀的魚鰭，尾巴是尖尖的魚尾。此時，他正一動不動地看着我們，臉上的表情看起來和我們一樣吃驚。

我們對視了一會兒，在我的頭腦從一片空白中完全恢復之前，怪獸先說話了：「對不起，我沒想到門後面有人。」

「是啊，誰會想到呢……」楊永樂的眼睛瞪得老大。

同一天晚上，在同一個院子裏，接連遇到兩個陌生的怪獸，即便我們天天與怪獸打交道，也覺得非同尋常。

「您又是誰呢？」我揉着額頭問。

「你們好，我是飛魚。」眼前的怪獸帥氣地甩了一下尾巴。

「您說您叫甚麼？」我一定是聽錯了。

「飛魚，你們沒聽說過我嗎？」怪獸看起來有些失望，「幾百年前我還是很受你們人類尊重的。尤其是明朝的時候，他們會把我的形象繡在大官的官袍上……」

「飛魚服？」楊永樂似乎想起了甚麼。

「好像是叫那個名字。」

「您是飛魚服上的飛魚？」我也想起來了。

飛魚服是明朝很有名的官袍，只有很大的官才有機會

穿它。我好像聽媽媽說起過，最近織繡組的阿姨們正在修復一件飛魚服。

「應該說飛魚服上的飛魚是照着我的樣子繡的。」怪獸說。

「但是⋯⋯如果你是飛魚⋯⋯那他是誰？」楊永樂還沒有從震驚中恢復過來，他看看面前這個金光閃閃的神氣飛魚，又看看身後那個胖乎乎的飛魚。

其實根本用不着我們邀請，那個好奇的怪獸已經從院子中央慢慢移到了我們身邊，他豎起蒲扇般的大耳朵，想搞清楚到底發生了甚麼。

「他是誰？」形如蟒蛇的飛魚問。

我剛想回答，胖飛魚就湊了過來。

「你好，我是飛魚！」他熱情地說。

「你是飛魚？那我是誰？」對方的眼睛瞪得老大。

「你還沒告訴我你是誰呢。」胖飛魚笑瞇瞇地說。

「我才是飛魚！」形同蟒蛇的飛魚豎起身子，讓自己顯得更加可怕。

「你也叫飛魚？」胖飛魚也挺吃驚。

「不僅是『叫』，我是真正的怪獸飛魚！」

胖飛魚盯了他足足三分鐘沒說話。對面的飛魚也毫不退縮地盯着胖飛魚的眼睛。

一隻野貓的出現，打破了這種沉默。

「真有意思！現在你們弄清楚誰是真正的飛魚了嗎？喵——」梨花不知道甚麼時候突然出現在我們中間。

「你又是誰？」胖飛魚問。

「我是梨花，《故宮怪獸談》的主編。我是來採訪飛魚的。喵——」梨花的眼睛裏閃着狡猾的光，那是只有在遇到大新聞時，她才會有的表情。

「採訪我？」兩個怪獸幾乎同時問。

梨花看了看胖飛魚，又看了看旁邊金光閃閃的飛魚，回答道：「我只採訪真正的怪獸飛魚，喵——」

「我怎麼可能是假的？」

「我就是真正的怪獸飛魚！」

兩個怪獸都上下打量着對方，我感覺到了一觸即發的緊張氣息。

「也許，他們都是真正的飛魚。」我試圖緩解這讓人不舒服的氣氛，「只是同名而已，人類的同名現象就很常見。」

「沒準兒他們倆有甚麼親戚關係？」楊永樂接着說。

「親戚？」形同蟒蛇的飛魚不高興地說，「我的身份比斗牛和麒麟還要尊貴，我沒有任何親戚，和這頭豬更不可能是親戚。」

「我是飛魚，不是豬。」胖飛魚不服氣地說。

「人類在取名方面總是不動腦子。看看故宮裏我們這些野貓的名字就知道了。喵——」梨花抱怨道，「不過，我的怪獸訪談上不能出現兩個叫飛魚的怪獸，所以，就算你們同名，我也只能採訪一個飛魚——一個更像怪獸的飛魚。」

我一下就聽出來了，梨花這麼說純粹是不懷好意，她應該是想用激將法弄出點兒動靜更大的新聞。

果然，她話音剛落，兩個飛魚之間的火藥味就更濃了。

「那你覺得誰更像怪獸呢？」蟒蛇身體的飛魚自信地看着梨花問。

「當然是您，喵——」

無論是誰，都會覺得擁有巨蟒身體和鹿角、金光閃閃的他更像故宮裏威嚴的怪獸。

胖豬身體的飛魚聽到梨花的回答後，顯得非常沮喪。他低下頭，魚鰭無力地耷拉在身邊，一直掛在臉上的笑容也不見了。我不禁對他充滿了同情，如果人類為他取名叫「豬魚」或其他名字，他就不會像今天這樣被嘲笑和忽視了。

當梨花走向巨蟒身體的飛魚時，「唰」的一下，天空中劃過一道閃電，故宮裏一下子被照得如白天一樣明亮。天空中突然聚起了烏雲，雨滴從天而降，沒有任何先兆。

「下雨了？」我捂住腦袋，抬頭看向天空。那裏，幾道

閃電撕裂了雲層。真是一場急脾氣的雷雨。

「走！去屋子裏躲躲雨吧。」楊永樂從地上爬了起來，朝我伸出手。

就當我準備拉住他的手站起來時，突然，一道明亮的閃電像鋒利的寶劍一樣從他的背後朝我們劈來！

我被眼前的景象嚇呆了，連呼吸都忘了，更別說逃跑了。

這下沒命了吧？雖然也聽說過有人被雷電劈死的事情，但怎麼也沒想到會落到自己身上啊！

正這麼想着，「嘭」的一聲，我和楊永樂的周圍突然亮起了刺眼的白光，我一下子閉緊了雙眼。

這就是被閃電劈到的感覺？怎麼一點兒都不疼呢？不但不疼，怎麼還甚麼感覺都沒有呢，難道我已經死了嗎？

我一邊納悶兒，一邊小心地睜開眼睛。讓我吃驚的是，我的眼前，一個亮着白色光芒的、玻璃罩一樣的東西，把我、楊永樂、梨花和兩個怪獸飛魚都罩在了裏面。閃電劈在這個半透明的罩子上，就像被斷了電，瞬間沒有了威力，更不用說傷害到我們了。

哪裏來的大罩子？我瞇起眼睛尋找。

啊！是他──那個怪獸！白色的光芒像超能量一樣源源不斷地從他的眼睛中冒出來，在我們的頭頂形成了半圓

形的保護體。

胖飛魚出人意料地承擔起了保護我們的責任。他豬一樣胖的身體像雕塑一樣毫不動搖，只有薄薄的魚鰭隨着氣流不停地擺動。看得出，他把所有的注意力都集中到了眼睛發出的白光裏。模糊的光暈下，我突然覺得他是那麼威風、帥氣，而旁邊那個和他同名的怪獸此刻顯得如此黯淡無光。

夏天的雷雨，來得急，去得也快。

很快，烏雲散開，雨停了。月亮重新露出了頭，雷和閃電都沒了影子。

「得救了……」

大家都鬆了口氣。

「謝謝你救了我們。」我感激地對胖飛魚說。

「真沒想到你居然有防雷電的本領，喵——」梨花一臉吃驚地說。

聽我們這麼說，胖飛魚反而不好意思起來：「這只是我天生的本領，沒甚麼好炫耀的。」

「今天真是被嚇壞了。」楊永樂呻吟着，「回去要好好睡上一覺才行。」

「可不是。」我慢慢站起來，腿仍然有些發軟。

我和楊永樂準備離開了，但是野貓梨花卻仍然堅持要

把《故宮怪獸談》的採訪做完。

「只不過，我的採訪要換個對象了。喵——」她朝着胖飛魚走去，「只是外表耀眼可不行啊，能救命的怪獸才是英雄。喵——」

故宮小百科

延禧宮：內廷東六宮之一，位於東二長街東側。建於明永樂十八年（1420年），初名長壽宮。嘉靖十四年（1535年）改稱延祺宮。清朝又改名為延禧宮，康熙二十五年（1686年）重修。明清兩朝都是嬪妃的住所。

延禧宮室內掛着乾隆皇帝御筆匾額「慎贊徽音」，它典出《詩經》，在這裏的意義是教導妃子「謹慎就能帶來讚譽」。東壁縣乾隆《聖製曹后重農贊》，西壁懸《曹后重農圖》，這些作品是用北宋仁宗妻子曹皇后親自耕耘，養蠶織布的例子，教導嬪妃賢惠勤勞。

道光二十五年（1845年）延禧宮起火，燒毀正殿、後殿及東西配殿等建築，僅餘宮門。宣統元年（1909年）在延禧宮原址修建了水殿，它是一座三層西洋式建築，四周都是水池。據《清宮詞》《清稗史》記載，水殿用玻璃為牆，牆夾層中養魚，透過底樓玻璃地板可以看見池中的游魚荷花。隆裕太后題匾額「靈沼軒」，還要求在內添加電燈等現代設備。因國庫空虛，這座俗稱水晶宮的建築其實並未完工就被迫停建。張勳復辟時，延禧宮北部被直系軍閥部隊飛機投彈炸毀。1931年，這座建築被故宮博物院改建為文物庫房。

飛魚服是甚麼？我們在影視作品和小說中，經常可以看到明朝錦衣衛穿着華麗威武的飛魚服。那麼它是一種甚麼樣的衣服呢？

飛魚服是明朝錦衣衛軍官、大內太監在祭祀典禮上所穿的禮服，除此之外，只有蒙皇帝恩賜，才可穿着。明朝有四種賜服——蟒服、飛魚服、斗牛服、麒麟服。飛魚服在隆重程度上，不及蟒服，但也是高級官員才能穿着的。就像本篇故事中說的那樣，飛魚服的「飛魚」不是《山海經》中像豬一樣的怪獸，也不是我們現在所知的海洋魚類，而是一種龍頭魚身，有兩翼的神話生物。在款式設計上，飛魚服有貼里、曳撒等款式，它們是從元朝蒙古人的袍子演變而來的。

7
忠實的軒轅鏡

夏天的傍晚，我坐在萬春亭裏。窗開着，暖風吹過，橙黃色的金盞花在綠色的海洋中迎風搖曳。

「看它多美，像太空裏銀色的星球。」

我盯着萬春亭屋頂藻井裏的那顆銀色的大球，它被一條氣派的盤龍叼在嘴裏。金色的夕陽照在它身上，讓它如星球般閃閃奪目。

它叫軒轅鏡，只出現在故宮最重要的地方，比如太和殿皇帝寶座的正上方、被稱為「龍穴」的交泰殿屋頂，還有皇帝最喜歡的萬春亭裏。

「這沒甚麼可奇怪的，軒轅鏡的名字就源於星星。」楊

永樂往後一仰，靠在柱子上說，「軒轅十七星，在北斗七星的北邊，為軒轅黃帝之神，係黃龍之體⋯⋯」

好吧，他又開始說一大堆我聽不懂的話了。我打斷他問：「軒轅鏡是幹甚麼用的？」

「這你都不知道？」楊永樂一下子坐起來，瞪大眼睛說，「軒轅鏡是辟邪神器啊！而且軒轅星是主雷雨之神。軒轅鏡高懸在皇帝寶座上空，一方面是皇帝標榜自己繼承了自中華民族的始祖黃帝以來的法統，另一方面是表示雷雨之神坐鎮此處，保證大殿的安全。這真是理念和實用的完美結合。」

「聽起來挺有意思的。」其實，我還是沒怎麼聽懂，「不過怎麼看它都是一個大銀球而已，怎麼辟邪呢？」

楊永樂聳聳肩膀：「這誰知道？別看它在這裏待了快六百年了，但是故宮裏從來沒有過關於軒轅鏡降妖除魔的傳說。」

「所以，我覺得很多古代的說法不一定是真的。它應該就是個裝飾品而已。」我漫不經心地說，「它放在宮殿裏很氣派，這就足夠了。」

「我可不這麼想⋯⋯也許它只是睡着了。我曾經在一本古書中看到過喚醒軒轅鏡的法術和咒語，要不我們試試看？」楊永樂躍躍欲試。他今天的心情不錯，在學校一整

天，老師都沒有找他的麻煩。

「我看還是算了吧。」我想謹慎一些，在故宮裏使用法術，往往會遭遇不可預知的麻煩。

「怕甚麼？」楊永樂笑了，「它在這裏掛了快六百年都沒有惹過麻煩，不會因為我們偶爾喚醒它，就出現甚麼問題的。何況，那書裏的法術也不一定是真的。」

「就怕那法術不是真的。」我仍然反對，「你也知道，古人們經常會做一些我們沒法理解的事情，萬一是甚麼奇怪的法術呢？」

「你這麼一說，我更想試試看了。」他的嘴角挑了起來，激動地搓着手。

看到他這副模樣，我知道，我無法阻止這位「好奇先生」了。

楊永樂「啪、啪」地拍起手來，然後閉上眼睛，嘀嘀咕咕地唱了一大段咒語，然後抬起頭對我說：「現在，你站到軒轅鏡下面。」

我猶豫了一下，還是站了起來。我已經預感到楊永樂的法術要成功了。

軒轅鏡正散發出迷人的光暈。

走到軒轅鏡下，我立即聽到一個聲音似乎就在我腦海中回響：「世無軒轅鏡，百怪爭後先。」

「天啊，這是心靈感應嗎？」我忍不住驚叫起來。

「是思維的直接傳遞，古代神器與巫師之間經常會用這樣的方式交流。」楊永樂得意地說。

「喚醒我的可是真龍天子？」我們聽見軒轅鏡問。

「不，我是薩滿巫師。」楊永樂自信地回答。

「巫師，你的『符籙術』只能喚醒我的辟邪功能。如果想完全喚醒我，需唸『禁咒術』。」

「我明白，但現在能不能先開啟你的辟邪功能？我想我們需要保護。」楊永樂說。

「遵命。」

隨即，一個巨大的光圈從軒轅鏡裏擴展開來。光圈越來越大，直到把整個萬春亭都罩在裏面，形成光芒四射的圓形保護區。

楊永樂的臉上綻開了笑容：「哇！簡直是奇跡！我還以為如果我不懂專業術語，它可能不會聽我的話呢。沒想到操縱軒轅鏡這麼簡單。」

天已經黑了，我們坐在萬春亭裏，睜大眼睛看着那層閃光的保護膜，感覺自己彷彿坐在一個巨大的肥皂泡中央。沒有誰能接近這層保護膜，無論是被亮光吸引來的小飛蟲，還是來看熱鬧的小刺蝟，只要一碰到光圈，全都像被電擊了似的，扭頭就跑。

「真厲害啊！」強烈的安全感湧上我的心頭，讓我一下子放鬆了很多。

「要不要再試試唸『禁咒術』，把軒轅鏡完全喚醒？」楊永樂臉上洋溢着勝利的微笑。

「不用了吧，這樣就挺好。」我猶豫地說。

「試一試又有甚麼關係？既然都喚醒它了，不如我們就看看它的全部本事。」

沒等我同意，他就對着軒轅鏡低聲唸起一段複雜的咒語。這次軒轅鏡響起了輕微的「噠噠」聲，金色的光圈閃了幾下。

「世無軒轅鏡，百怪爭後先。喚醒我的可是真龍天子？」

「不，我是薩滿巫師。」楊永樂面帶微笑。

「你非真龍天子，怎敢站在我軒轅鏡下？」

說着，一道白色的亮光從軒轅鏡裏劈了下來，楊永樂迅速往後一跳，亮光還是掃到了他的手臂，他立刻發出慘叫聲：「啊——！啊——！」

「你怎麼樣？」我飛奔到他身邊。

「我被電擊了。」他抱着胳膊，痛苦不堪。

「我看到了。傷得嚴重嗎？」

他這時才低頭看自己的胳膊，只見衣袖被燒出一個大

洞，但肉和骨頭並沒有受傷。

「太好了，沒事。」我鬆了口氣。

「你不知道剛才有多疼……」他話還沒說完，突然瞪大眼睛大喊一聲，「我是清朝皇帝！」

「你說甚麼？」我奇怪地看着他 —— 他不會是腦袋被電壞了吧？

頃刻間，一道閃電又劈下來，只不過這次沒有劈在我們身上，而是劈到了旁邊的草叢裏。草叢立刻冒起了黑煙。

我嚇壞了：「這是怎麼回事？」

「是我疏忽了。」楊永樂用小得不能再小的聲音對我說，「我之前聽到過一個傳說，卻沒把它當回事……」

「甚麼傳說？」

「傳說軒轅鏡是中國古代祖先軒轅氏，也就是黃帝親手製造的。所以，它可以分辨真、假皇帝。聽說，假皇帝袁世凱登基的時候，因為心虛，害怕軒轅鏡會掉下來砸死自己，於是下令將龍椅往後移了三米。現在，太和殿裏的龍椅仍舊是按向後移三米的慣例擺放的。」

「這麼重要的事，你怎麼不早說？」我咬着牙問。

「這很難讓人相信，不是嗎？黃帝親手製造的東西怎麼可能流傳到現在？他可是四千多年前的人啊。而且連怪獸們都不能輕易判斷誰是真皇帝，一個球憑甚麼能判斷？」

「好了，現在看來你不相信的事物都有可能是真的，我們還是先顧眼前吧。如果真是這樣，軒轅鏡萬一發現了你是假皇帝會怎麼樣？」我更緊張了。

「我肯定會沒命。所以，你現在的任務就是擋住我，直到我們離開萬春亭。」

「這主意聽起來真糟糕，不過也只能試試看了。」我無奈說道，接着又不放心地問，「你說，它能聽見我們說話嗎？」

「那倒不見得，它並不能真正讀出別人的思想，一般這種神器的感知中心只能接收直接朝它發話的內容。」

我們還在你一言我一語地分析眼前的處境，軒轅鏡又開口道：「請真龍天子露出真容。」

它在我們頭頂發出「噠噠」的聲音，似乎在驗證楊永樂是不是需要它保護的那位真龍天子。

這恰恰是我們要避免的。我用自己的身體遮住趴在地上的「假皇帝」，我們連滾帶爬地朝着萬春亭外面逃去。

我們跑得實在太快了，不超過五秒鐘，就躲到了旁邊的連理樹後面。

總算安全了！可是還沒等喘口氣，我們就聽到亭子裏「啪啦」一聲，一隻野貓尖叫着跑了出來。

他全身漆黑，只有一雙眼睛是藍色的，頭頂上還冒着

煙。他躲到我腳邊，渾身發抖。

「出甚麼事了？」我問黑貓。

「喵——喵——小雨……嗚……」黑貓的聲音聽起來很耳熟，這聲音怎麼那麼像梨花啊？

「你……你是？」我有點兒不敢相信自己的耳朵。

「我是梨花啊！你不認識我了？喵——」黑貓看起來快要哭了。

「天啊！梨花？」我大吃一驚——梨花明明是一隻白貓，「你怎麼變成這個樣子了？難道是被……燒焦了？」

「我只是聽說萬春亭有奇怪的光，就跑過來看看有甚麼新聞。沒想到剛跑進亭子，就被閃電擊中了！見鬼了，大晴天的怎麼會有閃電？喵——」

我深吸了一口氣說：「是軒轅鏡幹的。」

「軒轅鏡？喵——」

「沒錯，楊永樂用咒語喚醒了它。」我狠狠瞪了楊永樂一眼。

「怎麼能都怪我？一開始看見光圈的時候，你不是也很高興嘛……」

「好了，現在再怪誰也於事無補了。更重要的是，現在無論誰進入萬春亭，軒轅鏡都會放電，沒有比這更糟糕的了！」

「等等！」梨花的眼睛瞪得老大，「軒轅鏡為甚麼要這麼做？喵——」

「因為你不是皇帝……」

「甚麼意思？」梨花沒聽明白，「現在已經沒有皇帝了。喵——」

「是的。」我點點頭，「但是軒轅鏡顯然還不知道這件事。它認為自己還肩負着辨別真、假皇帝的職責，所以只要站在它下面的不是真皇帝，它就會用閃電去劈。」

就在這時，萬春亭裏又傳出一聲慘叫。

一隻黃鼠狼衝了出來，他的尾巴被燒掉了半條。

「真好玩，看來不只是我這麼倒霉！喵——」梨花似乎已經忘記被電擊的痛苦了。

「現在不是幸災樂禍的時候。」我眉頭緊鎖。要是明天早晨打掃衛生的工作人員進入萬春亭……我不敢再往下想了。

「你的那本寫着喚醒咒語的破書裏，有沒有讓軒轅鏡重新睡着的法術呢？」我問楊永樂。

「沒有。」楊永樂的聲音小得像蚊子哼哼，「我剛才回憶了整本書的內容，那裏面沒有讓軒轅鏡重新入睡的法術。」

「那怎麼辦？」我更絕望了，「等天一亮，御花園裏就

會擠滿了遊客，會出人命的。除非把萬春亭鎖起來。」

「是個好主意。」楊永樂居然點頭了。

「管理員一定會奇怪誰鎖了萬春亭，他會想辦法弄開鎖進去查看，然後⋯⋯」

「喀嚓！喵──」梨花比畫着閃電的形狀。

「好吧，我們該想個更好的方法。」楊永樂把雙手疊在腦後，幾分鐘以後，他才說話，「也許，我們需要找怪獸們幫點兒忙⋯⋯」

「你打算找誰？」我湊到他面前。

「嘲風。他會定身術。」

「把軒轅鏡定住？是個好方法。」梨花說，「不過我聽說定身術最多只能把東西暫時定住一天一夜，之後法術就失靈了。喵──」

「沒錯，是這樣。」楊永樂點點頭說，「所以我們要想辦法在這一天一夜的時間裏，把軒轅鏡摘下來。」

「你說甚麼？」我差點兒跌倒。

楊永樂用祕密的口吻說：「雖然有點兒危險，但是我的計劃是這樣的⋯⋯」

當遠方的天空染上了玫瑰色，夏天的早晨到來了。御花園裏一片寂靜，彷彿甚麼事情都沒發生過。

我出門上學的時候發現，今天的風比昨晚要大一些——是個好兆頭。

昨天晚上我和楊永樂、梨花折騰到了半夜，費了好大的力氣才把高傲的嘲風請來，為軒轅鏡施了定身咒，讓它不再到處發閃電劈人。

但事情並沒有結束，定身咒只留給我們二十四小時的時間來想其他的辦法。

我深吸了口氣，希望楊永樂的「計劃」能夠管用。

出門的路上，我故意繞道到御花園，現在應該是那裏的保潔阿姨們打掃衞生的時候。

我運氣不錯，一進御花園就看到保潔員王阿姨正在浮碧亭旁邊清掃落葉。

「王阿姨早。」我主動打招呼。

「小雨去上學啊？路上小心。」王阿姨笑瞇瞇地說。

我點點頭，大步走過萬春亭。

「哎呀！」我故作驚訝地說，「這個大球晃得好厲害啊！」

「哦？」王阿姨立刻走到我身邊，眼睛盯着萬春亭的屋頂，「你說的大球指的是軒轅鏡嗎？」

「軒轅鏡？沒錯，對，就是它。」我立刻說，「您沒覺得它晃得有點兒厲害嗎？」

「沒有啊⋯⋯」

「是嗎？難道是我眼花了？」我故意大聲說，「我怎麼覺得它在晃呢？」

我剛說完，萬春亭裏的軒轅鏡真的開始左右搖晃起來。

王阿姨大吃一驚：「真的在晃啊！這是怎麼回事？」

「會不會是因為今天風有點兒大？」

「就算有風，這麼晃來晃去的也太危險了。我去找古建築專家來看看吧。」說完，王阿姨急匆匆地朝管理員辦公室的方向走去。

我輕輕呼出一口氣。

「喂！」我抬起頭打招呼。

一隻灰色的小老鼠從軒轅鏡後面爬了出來。

「今天千萬別偷懶啊！」我囑咐他說，「只要有人經過，就要晃一晃軒轅鏡，記住了嗎？」

「記住了，記住了。今天早上，梨花已經和我說過好多遍了。吱吱——」

「那就拜託你了！」

我朝他揮揮手，老鼠「刺溜」一下躲回了藻井裏。

下午放學後，我和楊永樂一進故宮就飛快地朝御花園跑去。最後一批遊客還沒有散去，御花園裏仍然熱鬧得像遊樂場。

我們慢慢走進萬春亭，連大氣都不敢出。

萬春亭的屋頂上顯得空蕩蕩的，盤龍嘴裏的軒轅鏡已經不知去向。

「難道我的計劃真的成功了？」連楊永樂自己都不敢相信。

「我們不能高興得太早，沒準兒它只是被拿去加固了，明天早晨就會掛回來。」我說。

「希望它別再回來。」楊永樂擔心地歎了口氣。

第二天，楊永樂把一張晨報放到我面前，只見報上頭條文章的標題很醒目──

故宮萬春亭的軒轅鏡哪兒去了？
院方回應：因存安全隱患，入庫有待檢修

古建專家在故宮萬春亭內巡查時發現，風若較大，正好會吹到亭內懸掛的軒轅鏡，由此帶來安全隱患，所以軒轅鏡被取下放入庫房。
‥‥‥‥‥‥

文中的這段新聞提要，讓我們把懸着的一顆心放回了肚子裏，並徹底鬆了口氣。

▎故宮小百科▎

萬春亭：萬春亭位於御花園內浮碧亭、澄瑞亭以南，明嘉靖十五年(1536年）建。它和不遠處的千秋亭是一對造型、構造均相同的建築，僅藻井彩畫有細微的差別。

萬春亭最有特色的是它的圓攢尖頂，明稱「一把傘」式，頂上覆蓋着黃琉璃竹節瓦。寶頂是由彩色琉璃寶瓶承托鎏金華蓋組合成的。上圓下方的屋頂取仿「天圓地方」的古明堂形制。亭內天花板繪雙鳳，藻井內置貼金雕盤龍，龍的爪子捧着傳說中的「軒轅鏡」。

在紫禁城之外，北京景山公園的最高處，也有一座萬春亭，它位於北京中軸線的南端，眺望着故宮博物院的北門神武門，天氣好的時候，在景山的萬春亭，可以俯瞰整座故宮。

8
故宮裏的美食家

　　中元節前的一個星期，故宮裏的怪獸們和神仙們提着大大小小的行李擠進御花園的火車站，坐着古老的蒸汽小火車，離開故宮去度假了。

　　這是故宮裏延續了幾百年的規矩。「七月半，鬼門開」，死去的鬼魂們會在中元節的晚上回到曾經生活過的地方，緬懷過去，探望親人。為了不嚇到回到故宮的鬼魂們，怪獸和神仙們都會選擇在中元節前離開故宮，這也是他們一年之中難得的假期。

　　連着好幾天，楊永樂都要我幫忙做蓮花燈，讓我沒時間去御花園湊熱鬧。用彩紙折成蓮花的模樣，在『花心』

裏粘上一根小小的蠟燭。楊永樂相信，點燃的蓮花燈能幫助迷路的鬼魂們到達南海，找到彼岸。

中元節那天，天剛擦黑，我們就把蓮花燈放進金水河，看着閃着光芒的星星般的河燈飄向遠方。然後，我們深吸一口氣，鼓足勇氣朝故宮走去。

「千萬不要叫名字。」楊永樂囑咐我。

「知道。也別輕易回頭。」我也囑咐他。

「是的，你最好跟在我的身後，這樣我們可以排成一排走，不擋別人的路。」

「好主意。你帶手電筒了吧？」我問。

「帶了。」他打開手電筒，明亮的光芒讓我稍稍安心了一點。

楊永樂回頭看看我說：「你最好把額頭露出來。」

「為甚麼？」

「額頭上有正氣之光，可以避免衝撞鬼魂。」

聽他這麼說，我趕緊把額頭上的頭髮用髮卡固定到一邊。

沒錯，我們之所以這麼謹慎小心，全部是為了避開鬼。故宮裏曾經住過幾十萬人，死在這裏的人誰也數不清。中元節的晚上，在故宮裏撞鬼的可能性實在太大了。去年的中元節，我們躲在失物招領處裏還碰到了大頭鬼，

幸好他很友善，幫了我們不少忙，但要是遇到愛惡作劇的鬼魂，可就不會那麼幸運了。聽說，故宮裏的鬼魂雖然不會傷人，但出了名的喜歡搞惡作劇，至今還流傳着很多動物甚至保安人員被他們嚇唬的故事。

我們走在宮殿間的夾道上，路燈忽閃忽閃的，宮牆上連隻野貓也看不見。中元節的夜晚，故宮比平時更加安靜，一點兒聲音也沒有。

我放輕腳步，小心**翼翼**地朝前走。忽然，我聞到了一股淡淡的香火味兒。

「喂，你聞到了嗎？」我問楊永樂。

他猛地吸了幾下鼻子：「有誰在點香？」

我們同時往旁邊的永和門裏看去，不由得大吃一驚：永和宮的院子裏，聚集着一大羣黃鼠狼！

黃鼠狼們似乎正在舉行甚麼重大的儀式。他們在院子的中央擺上了方方正正的供桌，供桌上供奉着不知道誰的牌位。牌位前面的黃銅香爐裏，插着三支點燃的細香。大盤的點心和水果被整整齊齊地擺放在牌位兩側。

我一眼就認出來了，這不是怪獸食堂的黃鼠狼家族嗎？領頭的黃鼠狼叫黃二爺，是怪獸食堂裏的大廚師。

所有的黃鼠狼都跪在供桌前，黃二爺嘴裏正默唸着甚麼。

忽然，他站了起來，大喊一聲：「有請胖娘娘！」

話音還沒落，不知道從哪裏吹來兩股小旋風。旋風在供桌後面越轉越大，等到有一人高的時候突然消失了，一個穿着清朝旗裝的女人和一個穿着藍色長袍、帶着官帽的男人出現在供桌後面。

女人的臉白白胖胖的，看起來至少有五十歲了。她穿着灰色緞子旗袍，外面套着藍色的坎肩，腦袋上梳着兩把頭，頭上插滿了精緻的珠花。

「胖娘娘是誰？食神嗎？」我忍不住輕聲問楊永樂。

楊永樂搖了搖頭：「不像啊……」看得出來，他也不知道胖娘娘是誰。

領頭的黃鼠狼趕緊迎過去，「撲通」一下跪倒在地，哆哆嗦嗦地說：「恭迎端康皇貴妃。」

聽到這句話，楊永樂渾身一顫。

「怎麼了？」我問。

「你知道端康皇貴妃是誰嗎？」他壓低聲音說。

我搖搖頭：「不知道。」

「她是光緒皇帝的妃子瑾妃，也就是那個特別有名的珍妃的親姐姐。」

我倒吸了一口涼氣。故宮裏沒有人不知道珍妃，她是最受光緒皇帝寵愛的妃子。後來因為得罪了慈禧太后，她

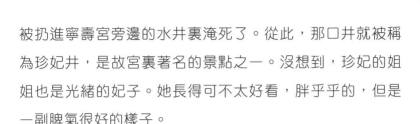

被扔進寧壽宮旁邊的水井裏淹死了。從此,那口井就被稱為珍妃井,是故宮裏著名的景點之一。沒想到,珍妃的姐姐也是光緒的妃子。她長得可不太好看,胖乎乎的,但是一副脾氣很好的樣子。

「黃鼠狼們把珍妃的姐姐請來幹嗎?要請也應該請珍妃啊。」我更奇怪了。

「我想起來了,瑾妃曾是皇宮裏有名的美食家,又長得胖,所以皇宮裏很多人都叫她『胖娘娘』。」楊永樂說。

這個時候,胖娘娘已經坐在了太師椅上,喝着黃鼠狼端上來的茶。她的無名指和小手指上戴着長長的指甲套,套子是金屬的,上面鑲滿了寶石。

「這是您愛喝的青果茶。」黃二爺小心翼翼地說。

「我十年才回來一次,虧你們這些黃鼠狼還記得。」胖娘娘放下茶杯說。

「我爺爺特意囑咐過我,胖娘娘回永和宮,一定要提前準備上好的青果茶。」黃二爺說,「您回來對我們家族來說可是天大的事情。」

「你們還在經營怪獸食堂嗎?」胖娘娘問。

「託娘娘的福,還在經營,神仙和瑞獸對我們的菜品都很滿意。」黃二爺謙虛地說,「不過,和當年永和宮的菜品相比,那還差得遠呢。」

胖娘娘點點頭說：「看在你們這麼用心的份兒上，今天就賞你們一桌飯吧。」說完，她朝身後的男人擺了擺手，「夏一跳，給他們露露你的手藝吧。」

　　嚇一跳？我「撲哧」一下笑出了聲，怎麼會有這麼奇怪的名字？

　　「誰躲在那裏偷看啊？」胖娘娘不高興地問。

　　我和楊永樂這次真的被嚇了一跳，所有黃鼠狼都把目光投向了我們這邊。

　　「是……是我，我們只是路過……」我結結巴巴地解釋着，不知道該說些甚麼。

　　「原來是兩個孩子啊。」胖娘娘說，「準是兩個小饞貓，知道這裏有好吃的。別愣着了，過來吧！」她衝我們招了招手。

　　我和楊永樂乖乖地走過去。走近了才發現，胖娘娘和夏一跳的身體在月光下是半透明的。

　　「這是誰家的孩子啊？長得倒是挺喜興。」胖娘娘瞇起眼睛問。

　　「您好，胖娘娘。我叫李小雨，他是我的好朋友楊永樂。我媽媽和他舅舅都在故宮裏工作。」

　　「哎喲！這兩個孩子是真人啊！我可好久沒見到真人了。」胖娘娘一下樂開了花兒，「每次我回永和宮，都只有

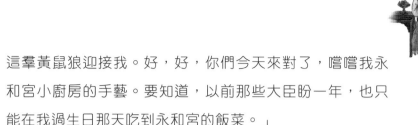

這羣黃鼠狼迎接我。好，好，你們今天來對了，嚐嚐我永和宮小廚房的手藝。要知道，以前那些大臣盼一年，也只能在我過生日那天吃到永和宮的飯菜。」

一聽到吃，我的精神就來了。於是，我大着膽子問：「那我們能跟着夏一跳去廚房看看嗎？」我喜歡廚房裏的味道和氣氛，待在那種氛圍中有一種安全感。

「去吧，去吧。」胖娘娘揮揮手說，「還有這羣小黃鼠狼，想偷學手藝的，都跟着去吧。這手藝要是沒人學，也就斷了線了。」

黃鼠狼們高興地跳了起來，恭恭敬敬地跟在夏一跳身後，手裏捧着各種食材，一看就早有準備。

永和宮的廚房在後院同順齋旁邊的角落裏，已經被黃鼠狼們打掃乾淨了。灶是用磚砌的，有兩個火眼，旁邊還有一個專門熬湯的小鐵爐子。

夏一跳指了指一隻黃鼠狼端的白雞說：「今天就吃這個吧。」

黃鼠狼趕緊把手裏的雞遞給他，連一句多餘的話都不敢說。

「夏一跳，你打算怎麼做這隻雞呢？」我好奇地問。

夏一跳閉上一隻眼睛，回答道：「雞、肉、包。」

雞肉包子？這也沒甚麼新奇的嘛。我有點兒失望。

「雞肉包子裏除了雞肉還有甚麼餡兒呢？」我不甘心地問。

「哈哈，你這個小姑娘，我說的雞肉包可不是雞肉包子。」夏一跳笑了起來，「這道菜是滿族菜，本來叫鴿肉包。『包』並不是你們平時吃的肉包子。當年，滿族的可汗努爾哈赤帶兵打仗，走到一個叫清河的地方，一點兒吃的都沒有了。清河的農民就送給他們幾隻鴿子和一些大白菜。努爾哈赤把鴿子烤熟了，拿鴿子肉與米飯和在一起，用白菜葉包着吃。別人問他吃的是甚麼，他就回答說叫『包』。從那以後，滿族人只要打了勝仗，就會做『包』來吃。我們今天沒有鴿子肉，只有白雞，所以我就把這道菜改叫『雞肉包』。」

不愧為宮裏的御廚啊！除了會做菜，還能把每道菜都說出個究竟。我在心裏暗暗佩服。

黃鼠狼們在夏一跳的指揮下，有的洗白菜葉，有的搭起架子在火上烤雞，有的淘米蒸飯⋯⋯夏一跳還選了鮮亮的上等小米，在小鐵爐上熬起粥來。

「只吃包不行，必須配上上好的粥。春天是江米白粥，冬天是羊肉粥，現在這種夏秋之交的時節，就要配上小米粥。」夏一跳一邊忙着手裏的活兒，一邊說。

周圍的黃鼠狼都聽得特別認真。他每說一句，黃鼠狼們都會齊刷刷地點頭。

「夏一跳，這是你的真名嗎？」楊永樂似乎對吃以外的事情更感興趣。

「誰會起這樣的名字啊？」夏一跳說，「這個名字是慈禧太后賜給我的。」

原來，夏御廚剛被選入永和宮不久，就趕上慈禧太后來永和宮吃飯。吃完飯，慈禧太后來了興致，要到廚房去參觀。夏御廚趕緊恭恭敬敬地把門簾子挑起來，慈禧邁進廚房，忽然橫目看了他一眼，站住了。胖娘娘趕緊來問是怎麼回事，原來，當時正是晚上，外面的燈光亮得晃眼，慈禧太后在廚房外面沒看到夏御廚，進門後猛抬頭冷不丁看見這麼一個大個子，被嚇了一跳。那天，慈禧太后心情不錯，乾脆不走了，上下打量着夏御廚，問他叫甚麼名字。夏御廚趕緊報上自己的名字。慈禧太后聽了，想了想說：「你就改名叫『嚇一跳』吧。」慈禧太后發話，誰敢說不行呢？從此以後，夏御廚就改名叫「夏一跳」了，一直叫到死。

「太后也不能給人亂起名字啊！」我替他抱不平。

「那時候，慈禧太后沒有叫人一刀把我砍了，就是我命大。改個名字算甚麼呢？」夏一跳倒是不太在乎。

鍋裏冒出了白色的水蒸氣，很快，廚房裏就充滿了飯菜的香氣。

雞烤好後，夏一跳把雞肉撕下來，切成肉丁，再加上香菇炸醬。炸好的雞肉醬拌上白米飯，滴幾滴香油，撒上蒜末，用白菜心包好，香噴噴的雞肉包就做好了。

除了雞肉包，夏一跳還做了炸春捲和櫻桃肉，最後還做了點心「螺螄轉兒」。

「螺螄轉兒」是一種小火燒（燒餅）。我看着夏一跳那雙靈巧的手在和好的白麵上刷上芝麻醬、撒上砂糖，然後將它一層層地捲成螺螄殼的樣子，在鍋裏烙成焦黃色。聞着那誘人的香味兒，我的口水都要流下來了。

滿滿的一桌菜被端到了胖娘娘面前。她聞了聞雞肉包，皺起了眉頭：「怎麼沒用鴿子肉？」

夏一跳趕緊說：「今天的材料沒有鴿子。」

「那味道可就差些了。」胖娘娘歎了口氣，卻也不吃，只是對我們說，「你們都嚐嚐吧。」

我等的就是胖娘娘的這句話。

夏一跳的手藝，真是好得讓人吃驚。我把雞肉包捧在手裏吃，爽口的白菜裏面包着香噴噴的肉醬米飯，實在太好吃了。炸春捲裏捲的是燒鴨絲、豆芽菜和香菇絲，我一口就可以吃一個。櫻桃肉居然是用豬肉丁與新鮮櫻桃一起燉的，櫻桃的顏色和味道完全融入了肉裏，讓人停不住嘴。楊永樂在我旁邊，也只是一味地吃，他肯定也沒吃過

這麼好吃的飯菜吧。

反而是黃鼠狼們，細細品味着每道菜的味道，一邊吃一邊還在小聲議論着做法，一副專業廚師的模樣。

胖娘娘甚麼也沒吃，只是看着我們狼吞虎嚥的模樣偷偷地笑。

「您怎麼不吃呢？」我問她。

「我啊，可能是活着的時候把一輩子該吃的東西都吃夠了，死了以後，就甚麼也不想吃了。現在啊，我就喜歡看別人吃飯，吃得越香，我越高興。呵呵。」她慢慢地說，「我們中華美食的精細和美味，哪個國家也比不了，要是丟了就可惜了，你們可要傳承下去啊。」

黃鼠狼們立刻都從飯桌旁站起來，恭敬地施禮：「請胖娘娘放心！」

「光靠你們可不行。」胖娘娘「撲哧」一聲笑了，轉向我和楊永樂，「你們兩個孩子吃了我的飯，可不能白吃。」

我和楊永樂趕緊站了起來，學着黃鼠狼們的樣子朝胖娘娘施禮：「胖娘娘放心，我們長大後，一定會為傳承中華飲食文化出力！」

「這就對了。」胖娘娘高興地說。

一陣冷颼颼的旋風吹過，胖娘娘和夏一跳像被吹散的花瓣一樣，消失了。

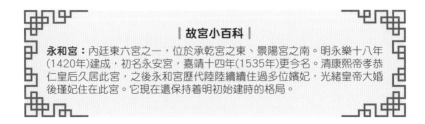

‖ 故宮小百科 ‖

永和宮：內廷東六宮之一，位於承乾宮之東、景陽宮之南。明永樂十八年(1420年)建成，初名永安宮，嘉靖十四年(1535年)更今名。清康熙帝孝恭仁皇后久居此宮，之後永和宮歷代陸陸續續住過多位嬪妃，光緒皇帝大婚後瑾妃住在此宮。它現在還保持着明初始建時的格局。

9
臭桂

秋天剛剛來時，看不到影子，卻帶着味道。

當金桂甜甜的香味隨着乾爽的風飄過來的時候，秋天就開始了。

故宮裏的桂花樹都是金桂樹，種在大大的花盆裏。天暖的時候被擺在堆秀山下，天冷了就會被收起來。

金桂是南方的植物，怕冷。聽說香山玉華寺往北的地方有一個大石洞，洞裏有山泉，冬暖夏涼。清朝的時候，大石洞是皇宮裏的桂花樹過冬的地方。一到冬天，皇帝的花匠們就會把桂花樹搬到這個朝着太陽的山洞裏，用山泉水澆灌它們。

當然，現在這些桂花樹不用跑那麼遠了。冬天的時候，它們會被搬進有暖氣的花房。

金桂花的香味被風一吹，幾百米遠的地方都能聞得到。每當這個時節，風吹過紅牆間的院落時，人也好，動物也好，怪獸也好，臉上都會露出不可思議的表情。

誰不喜歡桂花的香味呢？小小的、還沒有花生米大的花朵，居然能散發出那麼濃鬱的香氣，想想都覺得神奇。

當然，甚麼事情都有例外。

堆秀山下，也有一棵一點兒香氣都沒有的金桂樹。它被栽在一個格外華麗的花盆裏，比其他的金桂樹要高一點兒。每年初秋的時候，它會和其他金桂樹一樣，枝頭開滿金黃色的小花。

但這些花朵卻白白長了桂花的樣子，一點兒香味都沒有，蜜蜂、蝴蝶都不會多看它們一眼。

它可是故宮裏最古老的金桂，聽說是兩百多年前，一位大臣把它進獻給喜歡桂花的乾隆皇帝的。故宮宮廷園藝研究中心的叔叔、阿姨們把它當寶貝一樣地照顧着。但私下裏，我們都叫它「臭桂」。

臭桂為甚麼沒有香味呢？連故宮裏最厲害的植物專家也說不清。

一個月色很美的晚上，我告別了楊永樂，繞道路過御

臭
桂

花園。應該是桂花的香氣吸引我去的吧？一聞到那甜甜的味道，我就忍不住朝着那個方向走了。

桂花樹前，有兩個老人坐在那裏飲酒賞月。

說是飲酒，其實不過是簡單地坐在一塊白色的毯子上，連酒桌和椅子都沒有。放在一旁的裝酒的酒壺和盛菜的盤子卻十分精緻，上面鑲嵌的寶石閃着五彩的光芒。

「好像有客人來了？」其中一位老人對他的同伴說。

「是啊。」另一位老人轉過頭，和我打着招呼，「歡迎你來做客啊，小姑娘。」

我使勁眨了眨眼睛。月光下，他們一個穿着白色長袍，一個穿着青色長袍，長長的白髮盤成髮髻，鬍鬚也全白了，每個人的身後都閃着朦朧的光，像是從天上來到凡間的兩位老仙人。

我仔細想了半天，也沒想起來在哪裏見過他們。不管見沒見過，遇到老人總要講禮貌，於是我輕聲說：「二位爺爺好！我叫李小雨。」

「今夜月色皎潔，桂花開得又盛，不如和我們一起賞月、賞花如何？」白衣老人邀請我。

我看看月亮，又看看他們身後的桂花樹，「撲哧」一下笑出了聲。

「老爺爺，您既然要賞花，這麼多的桂花樹，為甚麼偏

臭桂

偏要坐在這棵臭桂樹下呢？」

「臭桂？」他望了望自己身後的金桂樹，笑着說，「你們都這樣叫它嗎？」

「是啊。因為它白白長了金桂樹的模樣，開出的花卻不香。桂花不香，還怎麼能叫金桂呢？」

「桂花不香，它也是金桂樹啊。」白衣老人搖着頭說，「何況，它比其他的金桂樹要更加金貴呢。只不過，你們不知道它的故事罷了。」

「這棵金桂樹有故事？」我的眼睛瞪得老大。

青衣老人遞給我一塊桂花糕說：「洞靈真人肚子裏的故事多得很，你慢慢聽吧。」

我咬了一口桂花糕，脣齒間溢出濃濃的桂花味兒，香香的、甜甜的，真是好吃極了。

「紫陽真人，你不要嘲笑我了。」白衣老人笑着對青衣老人說，「故事歸故事，不過這棵金桂樹的來歷的確是其他樹不能比的啊。」

「它到底有甚麼來歷呢？」

「它原本是月亮裏廣寒宮中的第七株桂花樹。」白衣老人說，「八百年前，月神嫦娥擴建廣寒殿，見這棵樹妨礙殿角，就命令吳剛將它移走。可是吳剛才將它從土裏挖出來，就颳來一陣大風，將吳剛手裏的桂花樹吹落到了

塵世。」

我好奇地問：「既然它是仙界的桂花樹，難道聞起來不應該比普通的桂花樹更香嗎？怎麼會甚麼味道都沒有？難道月宮裏的桂花樹都不香？」

「月宮裏的桂花怎麼可能不香呢？每年桂花盛開的時候，整個仙界都能聞到它們的香味。」白衣老人捋着鬍鬚說，「這棵金桂樹特別就特別在這裏。它本來奇香無比，但被吹落到凡間後，第一個撿到它的是錢神，錢神把它種在了銅山上。被種在銅山上的桂花樹，一下子就沒了香味。你知道，它為甚麼一下子不香了嗎？」

我想了想，搖搖頭。

青衣老人卻在一旁笑了：「因為那錢神一身的銅臭味，為了賺錢不擇手段，名聲不好。桂花樹嫌棄他，不想用自己的香味遮掩他的銅臭味，所以自己把香味關閉了。」

「啊？還有這種事？」

「紫陽真人說得沒錯。」白衣老人接着說，「錢神嫌棄它不香，就把它扔到了祁門縣的街角。一位愛桂花的書生發現了它，把它撿回家裏悉心照料。第二年開花時，金桂香飄萬里，整個祁門縣都能聞到，它成為當地最有名的桂花樹。正是因為名聲太大，沒多久它就被一位大官買走，進獻給了喜愛桂花的乾隆皇帝。但在進入皇宮的第二年，

臭桂

這棵桂花樹忽然又不香了，這次你能猜出是為甚麼嗎？」

「難道是桂花樹嫌棄皇宮裏也有銅臭味？」我問。

「不對，不對，」白衣老人搖搖頭說，「是因為這株桂花樹嫌棄那個利用自己謀求更高官職的大官，不想自己被這樣的人利用。」

「所以，它原本是很香的？」我望着臭桂，仍然不太相信。

「你想聞聞它的花香嗎？」白衣老人問我。

「當然了！」知道它是月亮裏的仙樹，我就更想聞聞這棵金桂的味道了。

白衣老人轉過身，輕輕撫摸金桂的樹幹，感歎道：「你是一株仙樹，卻被稱為臭桂，真是侮辱你的氣節，今天就讓我來幫你洗刷這一奇恥大辱吧。」

說完，他站起來，舉着寬大的袖子圍着金桂樹轉了三圈。一瞬間，桂花的香氣飄散出來。

那是一種讓人溫暖的香味，一旦吸滿了胸膛，說不出甚麼地方就會隱隱作痛。然後，有歌聲在耳邊響了起來：

金色的風啊，玉色的露水；

織女和我比賽，看誰先到銀河的西岸；

我嫌棄龍的腥氣，只願乘鳳飛翔；

時間流逝啊，星星的影子越來越低沉；

宇宙如此寒冷，我能依靠誰呢？

桂花樹下悄悄流淚，我想和你一起回到仙界……

　　我睜大眼睛到處找，想看看是誰在唱歌。

　　忽然，一陣猛烈的西風吹來，黃色的小花像是被碰灑了的金粉，紛紛揚揚落下。

　　一片金色的光芒中，一個女子出現在花樹下。她穿着五彩的羽衣，頭髮高高盤起，戴着碧綠的翡翠鳳簪，簪子上鳳凰的嘴裏銜着一顆紅色的寶珠，發出的光芒比月光還明亮。她很美，但卻沒有任何表情，潔白的臉冰冷如寒冬。

　　兩位老人急忙站起來施禮。

　　「原來，這棵桂花樹的樹仙是寒簧仙女啊，怪不得有如此氣節。」

　　寒簧仙女還禮，說：「原來是紫陽真人與洞靈真人啊。許久不見，可還安好？」

　　「挺好，挺好。」白衣老人微笑道，「今晚有幸聽到寒簧仙女的歌聲，還聞到這株仙樹的奇香，真是不辜負這麼美麗的月色。」

　　仙女微微點頭，隨後看了看我說：「今日有幸一聚，但見有外人在，寒簧先告辭了。」

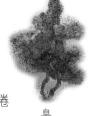

臭桂

　話音還未落，又一陣劇烈的西風吹來，地上的桂花捲起了旋渦，成了一片金黃色的煙霧。

　等到風停桂花落，寒簧仙女就不見了，幾乎同時，桂花的香味也消失了。

　「這位仙女是誰？」我忍不住問白衣老人。

　白衣老人微微一笑：「她的故事也很有意思。寒簧是因為笑而被罰下人間的仙女。」

　「因為笑？」我有點兒意外，難道天上的仙女都不許笑嗎？那也太可憐了。

　「寒簧原本是王母娘娘手下的傳言玉女。但沒想到，她偶然在人間遇到一位書生，被那位書生說的話逗笑了七次。雖然她後來十分後悔自責，但是，上界還是因為這七次笑而懲罰她下凡了。所以，她來到人間後，就再也沒有笑過。沒想到，她居然躲在這棵金桂樹裏，真讓人想不到啊。」說完，白衣老人一口氣喝光了杯子裏的酒。

　「關於寒簧的故事，洞靈真人沒有講完啊。」青衣老人忽然說。

　白衣老人有些吃驚：「哦，那還請紫陽真人指教。」

　「寒簧原本是王母娘娘手下的傳言玉女，這的確沒錯。但她在凡間遇到的書生沉白卻不是一般人啊。」青衣老人慢悠悠地說，「那沉白原本是王母娘娘手下的侍香金童，因

為與寒簧私定三生而被罰往人間受苦。沒想到，寒簧居然會在人間碰到轉世為人的沉白，心動而笑，也被懲罰。不過，好在她已被嫦娥收留，被傳授紫雲之歌、霓裳之舞，所以，你才能在月宮的桂花樹裏看見她啊。」

「這樣看來寒簧與沉白還真是三生有緣，不如你我一起去天宮奏請王母娘娘成全這段佳緣，如何？」

「甚好！」

還沒等我反應過來，兩隻仙鶴已經如白色閃電般出現在我面前，載着兩位老人朝西方的天空飛去。

「無聲之聲，乃為正聲；無味之味，乃為至味。」

白衣老人的聲音就像一股秋風，從高高的夜空中飄了過來。

我挺直身子，仰頭朝天上望去。美麗的仙鶴扇動着翅膀，迎着一輪橙黃的月亮，飄飄悠悠地越飛越遠，最後變成一個小白點，消失在夜空裏。

那之後，我在桂花樹下的草地上坐了很久，四下安靜得像幽深的海底，空氣中還殘留着一股花香。我的身邊，一簇簇桂花如夢幻一般搖曳着。

臭桂

10
海怪的海洋館之旅

當暑假快結束的時候，元寶的個頭兒已經長到了 1.65 米，比我足足高出了一頭。

隨着離開故宮日期的臨近，他也越來越不捨，整天跟我和楊永樂黏在一起。我們去哪兒，他就會跟着去哪兒，哪怕是他絲毫不感興趣的展覽，他也會跟在我們身後一點點耐心地看完。

比如故宮裏正在展出的「明朝正統、景泰、天順御窰瓷器展」。要是在一個星期以前，他絕對不會擠在熱烘烘的人羣中去看這樣的展覽。元寶對瓷器一點兒好感都沒有，認為那都是些「沒有任何技術含量」的東西。

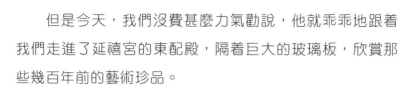

但是今天，我們沒費甚麼力氣勸說，他就乖乖地跟着我們走進了延禧宮的東配殿，隔着巨大的玻璃板，欣賞那些幾百年前的藝術珍品。

不料，元寶很快就找到了他感興趣的東西。

「小雨、楊永樂，你們快看！」他的臉緊貼在玻璃板上，說，「這個多酷！」

我和楊永樂湊過去。

其實沒甚麼大不了的，那不過是一個五彩瓷罐而已。

如果說有甚麼特別的話，那就是它上面的圖案是一個有點兒特別的怪獸：他長着大象腦袋、獅子身體，正騰空而起，一副挺兇猛的樣子。瓷罐的標籤上寫着「明成化鬥彩海水異獸紋罐」。

「他是誰？」元寶第一次對一個怪獸產生這麼大興趣。

「不知道。」我和楊永樂同時搖了搖頭。明朝海怪的長相都是那麼奇特。

「我真佩服把他想像出來的人。大象的腦袋配上雄獅的身體，還有比這更好的組合嗎？」元寶興奮地說。

雖然我和楊永樂並沒看出這樣的組合好在哪裏，但是為了不打擊元寶對瓷器展覽的熱情，我們都頻頻點頭表示贊同。

這之後，元寶對展覽感興趣多了。但可惜，直到我們

看完整場展覽，他也沒找到第二件感興趣的展品。

看完展覽後，我們去員工食堂吃了晚飯。吃飯的時候，元寶對那個象頭怪獸進行了各種各樣的分析和猜測。比如，他認為這個怪獸可能是海牛的變種，因為海牛其實是大象的近親。他還告訴我們：在五千萬年前，海牛曾是一種生活在海邊的四足哺乳動物，為了適應氣候變化而被迫下海謀生。

我還是剛知道呢，海牛雖然只吃草，但一隻成年海牛的體長可以達到四米，體重可以達到 3.2 噸，是海洋中的超級大胖子。

「所以，長得胖和吃甚麼完全沒關係！」元寶把一大塊紅燒肉一口塞進嘴裏，「海牛就是最好的證明。」

從海怪講到海牛，等我們吃完晚飯的時候，天已經全黑了，夜空中掛着一彎細細的月牙。

我突然覺得自己肩膀上空落落的，有點兒不對勁。

「哎喲，糟了！我把書包落在展館裏了！」

我皺起了眉頭，自己怎麼那麼粗心呢？我本來是背着書包去找楊永樂和元寶寫暑假作業的，寫完了又背着書包去延禧宮看展覽，因為嫌書包太重，就把它放到了門口警衛叔叔那裏，結果走的時候就忘了。

「我要回去拿！」

「明天再去拿也可以吧？」楊永樂問。

「不行，不行。明天一開展，萬一被誰拿走了，我的暑假作業就白寫了。」

我急匆匆地朝着延禧宮跑去，楊永樂和元寶不放心地跟在我身後。

到達延禧宮的院子時，天已經黑透了。月亮躲進了雲層，院子裏只有路燈閃着暗光。

「你們就在這裏等我吧。」說完，我一個人走進了東配殿。

剛打開門時，我就覺得有點兒不對勁。宮殿裏似乎有甚麼響聲。但當我停下腳步想仔細聽聽是甚麼聲音時，那聲音又沒了。

我很快就發現了我的書包，它在一把椅子後面。我大步走過去，彎腰把它撿起來。再抬起頭來的時候，我差點兒被眼前的景象嚇暈過去。

一個大怪獸不知道甚麼時候出現在了我面前。他長着巨大的象頭，長長的牙齒閃着白光，雄獅般的利爪微微抬起，一副隨時會朝我撲過來的樣子。

情急之下我撒腿就跑，等我回過神來的時候，我已經站在東配殿的門外，用身子使勁抵住了大門。

「出甚麼事了？」元寶問。他和楊永樂朝我走過來。

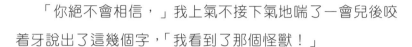

「你絕不會相信，」我上氣不接下氣地喘了一會兒後咬着牙說出了這幾個字，「我看到了那個怪獸！」

「哪個？」元寶問，一臉困惑。

「你喜歡的那個！大象頭、獅子身體的。」

「他在哪兒？」元寶深吸了口氣，顯得難以置信。

「就在裏面。」

「活的？」

「是的。」

「我要去看看！」

元寶轉身就要打開我身後的大門，他的手卻被我一下子按住了。

「他……看起來不太友好……」我警告他說，「中國的海怪中有不少是兇猛的惡獸。」

「小雨說得沒錯，明朝的怪獸我們並不熟悉。」楊永樂也說。

元寶卻笑了：「你們不是整天和故宮裏的怪獸們打交道嗎？怎麼突然害怕了？」

「我們甚至不知道他是誰。對不熟悉的怪獸應該小心點兒。」我說。

不知道是不是我們的膽怯反而更激發了元寶的興趣，他不聽我們的勸告，一下子打開了東配殿的大門。

宮殿裏一片漆黑，看不到任何東西。

「你不是在開玩笑吧？」元寶滿是疑惑地走進宮殿。

「我保證不是開玩笑！」我回答道。

元寶走到宮殿的一側，手放到電燈開關上。就在這時，隱隱約約中，一個巨大的影子朝他走過來，我們都發現了。元寶「啪」的一聲打開了電燈。

燈光照亮宮殿時，一切都靜止下來。元寶站住不動，呆呆地看着眼前巨大的怪獸。有一陣子，我甚至擔心他會被嚇昏過去，畢竟他和怪獸接觸的時間並不長。但隨後，我看到他仔細地打量着怪獸，那樣子比我平靜多了。

怪獸過了整整五秒鐘才做出反應。他那懸垂的象鼻忽然舞動起來——並不是朝着元寶的方向，而是伸進了自己的嘴裏，那樣子就像受到驚嚇的小孩兒把手指塞進嘴裏一樣。同時，他發出一陣恐懼的尖叫。

至於元寶，他站在那裏觀察着這個龐然大物，先是吃驚，隨後突然改變了態度。他轉過身來，用手指着我問：「李小雨！你是不是做了甚麼事情嚇到他了？」

「我沒有！」說實話，發現這個怪獸是個膽小鬼後，我比誰都吃驚。他真是白長了那副兇猛的模樣。

「你們都沒養過動物。我舅舅家養的拉布拉多犬害怕的時候就是這個樣子。你必須友好地對待他，還要溫柔。善

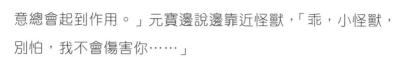

意總會起到作用。」元寶邊說邊靠近怪獸,「乖,小怪獸,別怕,我不會傷害你……」

小怪獸?我不禁打了個冷戰。

元寶用令人驚訝的溫柔語氣安撫着面前的怪獸。

他輕輕拍打怪獸獅子般的身體,直到怪獸把長鼻子從嘴裏拿出來,驚恐的叫聲逐漸消失。經過幾分鐘的安慰,怪獸似乎擺脫了恐懼。他長長的象鼻子慢慢伸出來,開始輕叩元寶的手心。

「知道嗎?我的終極夢想就是擁有一頭大象。」元寶毫不掩飾自己的興奮,「你雖然不是大象,但比大象更酷!你叫甚麼名字?」

「海……象……」怪獸的漢語說得好像不太好。

「海象?」元寶發出了一連串的笑聲,「你和我所知道的海象可不一樣!」

「甚麼……樣?」怪獸海象用奇怪的語調問。

「牠們的頭長得像禿頂的老爺爺,牠們只有鰭沒有腿。不過也難怪,牠們是動物,而你是海怪。」

怪獸海象又說了些甚麼,但我沒聽清。只聽到元寶有點兒猶豫地說:「這有些麻煩,要是你的身體能變小就好了……甚麼?你真的能變小。那我們倒可以試試……」

「你們要幹甚麼?」我一把拉過元寶,心裏已經有了不

祥的預感。

「海象想看看動物的海象長甚麼樣。」元寶回答，「我覺得可以帶他去海洋館……」

「你要帶一個海怪去海洋館？」我粗暴地打斷了他。

「他說他能變小，我們可以把他放在書包裏。」元寶似乎沒有意識到這是多麼過分的事。

「就算你能把他帶去，可是這個時候海洋館早就關門了！」我提醒他。

「如果北京海洋館的暑期夏令營還沒結束，晚上應該也可以混進去。」

「你不會真這麼幹吧？」楊永樂像看怪物一樣看着元寶。

「為甚麼不？我還挺期待怪獸海象和動物海象見面的場景呢。」

說完，元寶大步走到怪獸海象面前說了點兒甚麼。緊接着，一陣白煙冒了出來。等白煙散去後，怪獸海象已經小得可以被放進一隻購物袋裏了。

「借你的書包用一下。」元寶一把從我手裏搶過書包，把海怪放了進去，「我們出發吧！」

這實在是太瘋狂了！

坐在出租車上時，我和楊永樂都提心吊膽的，怕書包

裏的怪獸會突然變大，把出租車撐破。但還好，甚麼也沒發生。

元寶預料得沒錯，夜間的北京海洋館居然燈火通明。我們很容易就跟着參加夏令營的孩子們混了進去。

海洋館的大廳裏擺滿了睡袋和帳篷，我們只能小心地繞過它們。暑假裏，為了安置精力旺盛的孩子，大人們真是甚麼辦法都想得出來。

我帶路來到熱帶雨林館。海洋館的海象都住在這座展館裏，以前我和媽媽來的時候，還買魚餵過牠們。牠們都是些又肥胖又貪吃的傢伙。

海象們緩慢地在大大的水池裏游泳。元寶小心翼翼地打開書包，讓怪獸海象露出頭。

「看，那些就是動物海象。」他那樣子好像在照顧一個小嬰兒，而不是一個怪獸。

怪獸海象露出腦袋，好奇地看着那些和他同名的動物，看了十幾分鐘都相安無事。就當我和楊永樂剛剛鬆了口氣的時候，怪獸海象卻趁我們不注意，飛快地跳到了水池裏。元寶只感到手裏的書包猛地一震，怪獸就沒了。

怪獸海象跳到水裏後，迅速變回了原來的大小，足足有那些普通海象的三倍大。

「糟了！」元寶喊道。他這個時候才意識到帶一個怪獸

來海洋館有多危險。

　　還好，怪獸海象在水池中沒做出令人緊張的舉動。他只是游泳，自由自在地游泳，一副很享受的樣子。倒是那些普通海象真是被嚇壞了，全都擠在遠離怪獸海象的角落裏，嚇得縮成一團。

　　「我們必須趕緊把他帶走！」楊永樂皺着眉頭說，「被人發現的話，一定會引起大騷亂。」

「說得容易，誰能把那麼大的怪獸撈上來呢？」我急壞了，「除非他自己願意出來。」

怪獸海象感到了海水的舒適，一副打算在裏面住一輩子的架勢。元寶表情複雜地看着他，不知道腦袋裏在想甚麼。

「不想闖大禍的話，就像剛才那樣，把他從水裏哄出來。」我催促他。

元寶沒說話。他靜靜地看着怪獸海象，任由他在水池裏游來游去。

時間越長，我和楊永樂就越慌張。還好，這段時間夏令營的團員們都睡着了，沒人突發奇想來看海象。

也不知道過了多久，反正這段時間我真正感受到了甚麼叫度日如年。元寶終於開始呼喚怪獸海象了。

「好了，海象，你該回來了。」他像是在招呼小貓一樣溫柔。

怪獸海象看了看他，又自顧自地游了幾圈，沒有一點兒要上岸的意思。

「我們要回故宮了，晚上的海洋館不太安全。」元寶換了策略，「沒準兒會有老鼠。」

聽元寶提到老鼠的時候，怪獸海象的大耳朵緊張地抖動了一下。

「沒錯，這裏經常有老鼠竄來竄去，還喜歡咬人。不像故宮裏，野貓那麼多，沒有老鼠敢出來溜達。」元寶開始製造恐怖氣氛，「海洋館的老鼠可是大得出奇⋯⋯」

他的話顯然起到了作用。膽小的怪獸海象不再游泳了，他立在水裏，警惕地看着四周。

「所以，趕緊回到書包裏，和我回故宮吧。」元寶滿臉微笑地朝他敞開了書包。

「呼」，海水池中冒出一陣白煙，海怪乖乖地回到了書包裏，我們能感到整個書包都在隨着他顫抖。這麼膽小的怪獸，我還真是頭一次遇到。

我們不敢再耽誤，急忙離開海洋館，帶着他回到了故宮的延禧宮。被元寶安撫了很長時間後，怪獸海象才乖乖回到了鬥彩海水異獸紋罐上，恢復了他最初的模樣。

我們關上宮殿的電燈，關好大門，沿着長長的紅牆朝失物招領處走去。走到半路的時候，元寶忽然長長地出了口氣：「帶海怪去海洋館，這輩子我恐怕再也做不出這麼瘋狂的事了。」

│ 故宮小百科 │

鬥彩海水異獸紋罐：明朝成化年間製造。罐直口，短頸，豐肩，肩以下漸收，圈足。通體鬥彩裝飾。腹部繪有四隻海獸的形象，及海水江崖紋與雲紋。肩與近底分別繪下覆、上仰蕉葉紋。這隻瓷罐胎體輕薄，透光度強，從內壁可以看到外壁的紋飾。裝飾以紅彩和青花為主色，黃彩和綠彩為輔，描繪出在洶湧的海浪中，一隻象頭獅身的兇猛海獸跳出水面的景象。它是明朝成化時期景德鎮御器廠製瓷工匠高超手藝的體現，是成化鬥彩瓷中的名品。

由於這隻罐子的底部寫了一個「天」字，因此俗稱「天字罐」。清雍正、乾隆時宮廷檔案中稱之為「成窯五彩罐」或「成窯天字罐」。